例題 **30**+ 演習問題 **70** で
改訂第3版
《しっかり学ぶ》

HTML
+CSS 標準テキスト

イー・スペース 著

JN100084

技術評論社

サンプルファイルについて

本書の学習で（「例題」や「やってみよう」）必要だと思われるサンプルファイルや画像ファイルは、下記よりダウンロードしてお使いいただけます。

http://gihyo.jp/book/2024/978-4-297-14019-9

本書で提供するサンプルファイルは本書の購入者に限り、個人、法人を問わず無料で使用できますが、再転載や二次使用は禁止致します。

サンプルファイルは、必ずお客様自身の責任と判断によって行ってください。サンプルファイルを使用した結果生じたいかなる直接的・間接的損害も、技術評論社、著者、プログラムの開発者およびサンプルファイルの制作に関わったすべての個人と企業は、いっさいその責任を負いかねます。

はじめに

　本書は、HTMLが初めての方を対象に、はじめから順を追って、例題と演習問題に取り組むことにより、Webページを作成するための基礎技術を習得していただくことを目的としています。

　当初は、HTMLのみでページを作成していましたが、現在は、構造とデザインを分離し、見栄えについてはCSSで制御することが一般的になっています。そのため、本書では、HTMLに加えて、一部CSSについての解説も行っています。

　初版が発売された2011年当時、HTML5とCSS3は仕様が確定した技術ではありませんでした。それ故に、各種ブラウザによってサポート範囲も異なり、インターネット上に公開されているWebサイトにおいても、徐々に採用が進んでいるという状況でした。その後、2014年のHTML5の仕様確定、さらに、スマートフォンやタブレットなどのモバイルデバイスの普及により最新バージョンのブラウザシェアが増加したこともあり、HTML5とCSS3を採用したWebサイトが急増したことから、2016年に改訂版を発売しました。2024年1月現在、HTML Living Standardとして、HTMLとCSSは進化しています。

　HTMLとCSSの仕様を網羅するのは、膨大な分量となります。そのため、本書では、基本的な考え方やルール、モバイルデバイス向けページの作成のポイントなど、これから、新しい技術を覚えていこうと考えている皆さんに、最初のステップで習得していただきたい要素をピックアップしています。そして、各々のLessonは、技術仕様を細部に渡り掲載することよりも、実際に自分の手でマークアップし、それをブラウザを通して確認することで、Webページを作る楽しさを体感していただくことを念頭に構成されています。まずは、HTMLの世界への入り口として、そして、さらに高度な知識習得の通過点として、本書をお役立ていただければ幸いです。

イー・スペース

本書の特徴

Lesson部

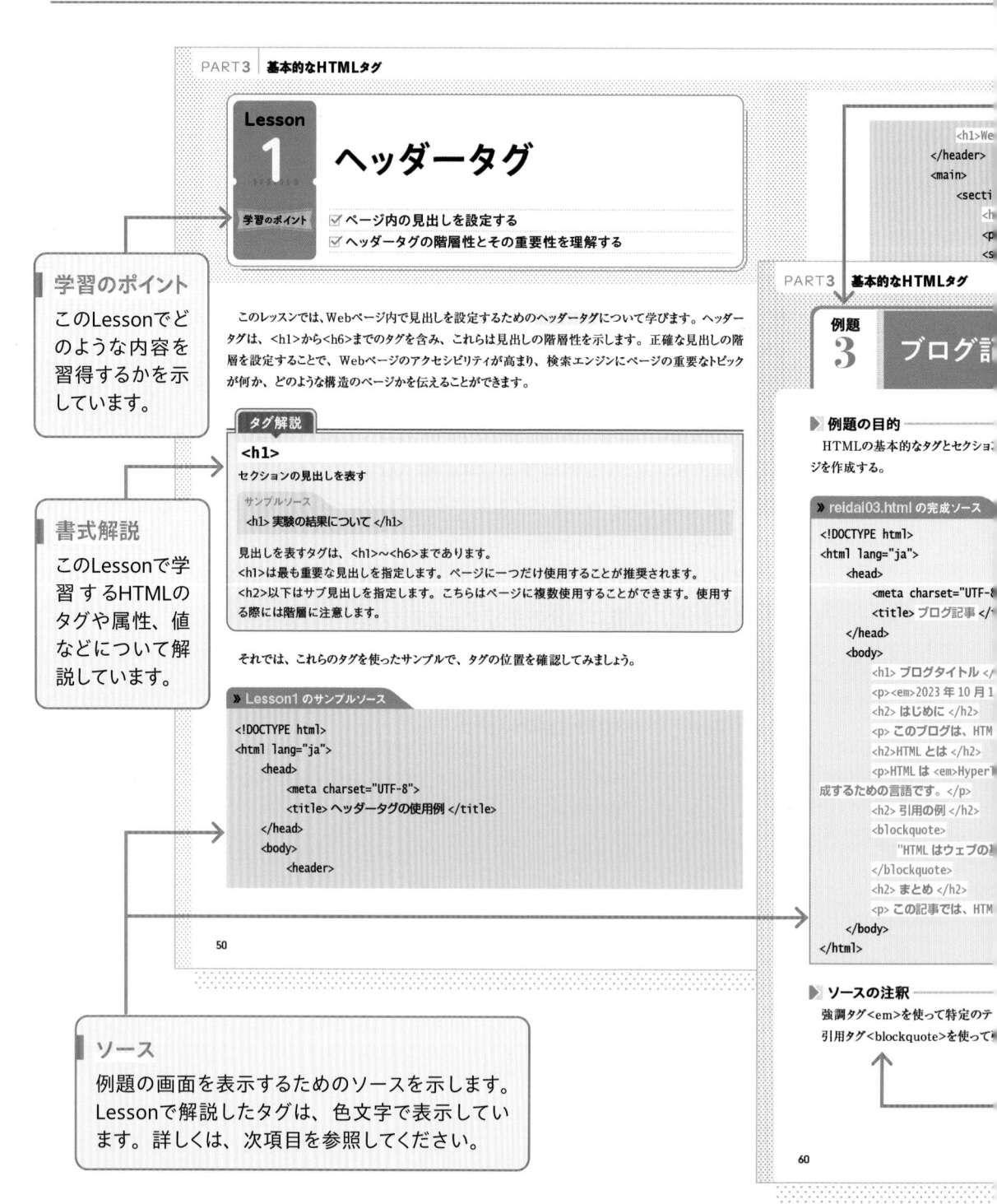

PART3 基本的なHTMLタグ

Lesson 1 ヘッダータグ

学習のポイント
- ☑ ページ内の見出しを設定する
- ☑ ヘッダータグの階層性とその重要性を理解する

学習のポイント
このLessonでどのような内容を習得するかを示しています。

このレッスンでは、Webページ内で見出しを設定するためのヘッダータグについて学びます。ヘッダータグは、<h1>から<h6>までのタグを含み、これらは見出しの階層性を示します。正確な見出しの階層を設定することで、Webページのアクセシビリティが高まり、検索エンジンにページの重要なトピックが何か、どのような構造のページかを伝えることができます。

タグ解説

<h1>

セクションの見出しを表す

サンプルソース
<h1> 実験の結果について </h1>

見出しを表すタグは、<h1>～<h6>まであります。
<h1>は最も重要な見出しを指定します。ページに一つだけ使用することが推奨されます。
<h2>以下はサブ見出しを指定します。こちらはページに複数使用することができます。使用する際には階層に注意します。

それでは、これらのタグを使ったサンプルで、タグの位置を確認してみましょう。

書式解説
このLessonで学習するHTMLのタグや属性、値などについて解説しています。

» Lesson1のサンプルソース

```
<!DOCTYPE html>
<html lang="ja">
    <head>
        <meta charset="UTF-8">
        <title> ヘッダータグの使用例 </title>
    </head>
    <body>
        <header>
```

50

ソース
例題の画面を表示するためのソースを示します。Lessonで解説したタグは、色文字で表示しています。詳しくは、次項目を参照してください。

```
                <h1>We
            </header>
            <main>
                <secti
                    <h
                    <p
                    <s
```

PART3 基本的なHTMLタグ

例題 3 ブログ記

▶ 例題の目的
HTMLの基本的なタグとセクショ
ジを作成する。

» reidai03.html の完成ソース

```
<!DOCTYPE html>
<html lang="ja">
    <head>
        <meta charset="UTF-8
        <title> ブログ記事 </
    </head>
    <body>
        <h1> ブログタイトル </
        <p><em>2023 年 10 月 1
        <h2> はじめに </h2>
        <p> このブログは、HTM
        <h2>HTML とは </h2>
        <p>HTML は <em>Hyper
成するための言語です。 </p>
        <h2> 引用の例 </h2>
        <blockquote>
            "HTML はウェブの
        </blockquote>
        <h2> まとめ </h2>
        <p> この記事では、HTM
    </body>
</html>
```

▶ ソースの注釈
強調タグ<em>を使って特定のテ
引用タグ<blockquote>を使って

60

4

本書は13のPARTから構成されており、さらに各PARTは、いくつかのLessonで構成されています。Lessonのページ内容は以下のとおりになっています。

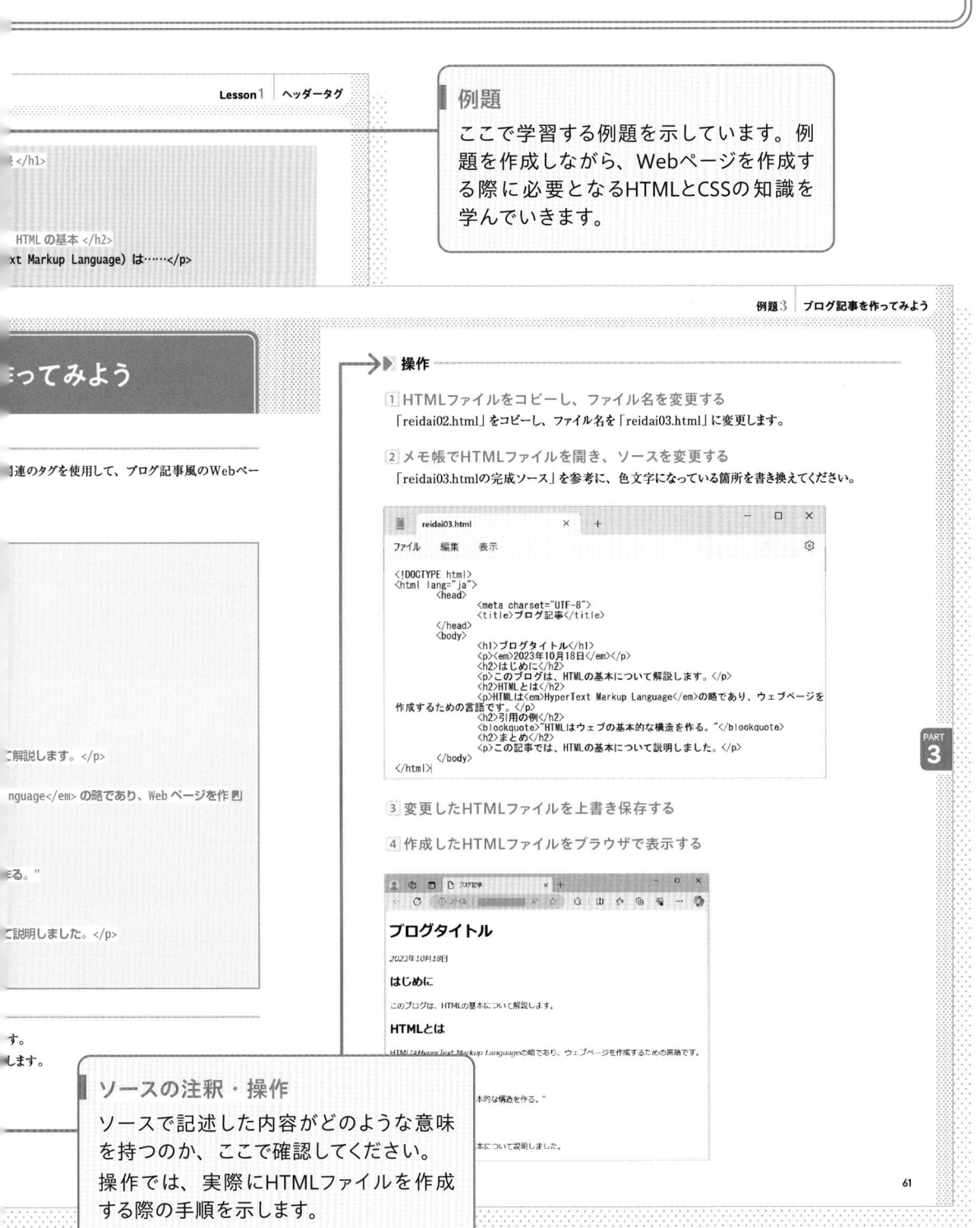

Lesson1 ヘッダータグ

</h1>

HTML の基本 </h2>
xt Markup Language) は……</p>

例題

ここで学習する例題を示しています。例題を作成しながら、Webページを作成する際に必要となるHTMLとCSSの知識を学んでいきます。

例題3 ブログ記事を作ってみよう

ってみよう

関連のタグを使用して、ブログ記事風のWebペー

▶▶ 操作

① HTMLファイルをコピーし、ファイル名を変更する
「reidai02.html」をコピーし、ファイル名を「reidai03.html」に変更します。

② メモ帳でHTMLファイルを開き、ソースを変更する
「reidai03.htmlの完成ソース」を参考に、色文字になっている箇所を書き換えてください。

```
reidai03.html                                    ×    +              □  ×
ファイル    編集    表示                                              ⚙

<!DOCTYPE html>
<html lang="ja">
        <head>
                <meta charset="UTF-8">
                <title>ブログ記事</title>
        </head>
        <body>
                <h1>ブログタイトル</h1>
                <p><em>2023年10月18日</em></p>
                <h2>はじめに</h2>
                <p>このブログは、HTMLの基本について解説します。</p>
                <h2>HTMLとは</h2>
                <p>HTMLは<em>HyperText Markup Language</em>の略であり、ウェブページを
作成するための言語です。</p>
                <h2>引用の例</h2>
                <blockquote>"HTMLはウェブの基本的な構造を作る。"</blockquote>
                <h2>まとめ</h2>
                <p>この記事では、HTMLの基本について説明しました。</p>
        </body>
</html>
```

③ 変更したHTMLファイルを上書き保存する

④ 作成したHTMLファイルをブラウザで表示する

解説します。</p>

nguage</em> の略であり、Web ページを作

る。"

に説明しました。</p>

す。
します。

■ ソースの注釈・操作

ソースで記述した内容がどのような意味を持つのか、ここで確認してください。
操作では、実際にHTMLファイルを作成する際の手順を示します。

PART 3

ブログタイトル

2023年10月18日

はじめに

このブログは、HTMLの基本について解説します。

HTMLとは

HTMLはHyperText Markup Languageの略であり、ウェブページを作成するための言語です。

本的な構造を作る。"

本について説明しました。

演習問題部

各PARTの最後にある「演習問題」のページは以下のようになっています。解答例については、サンプルソースを参照してください。演習問題の解答例は、ダウンロードできる本書のサンプル内の「enshu」フォルダに収録されています。

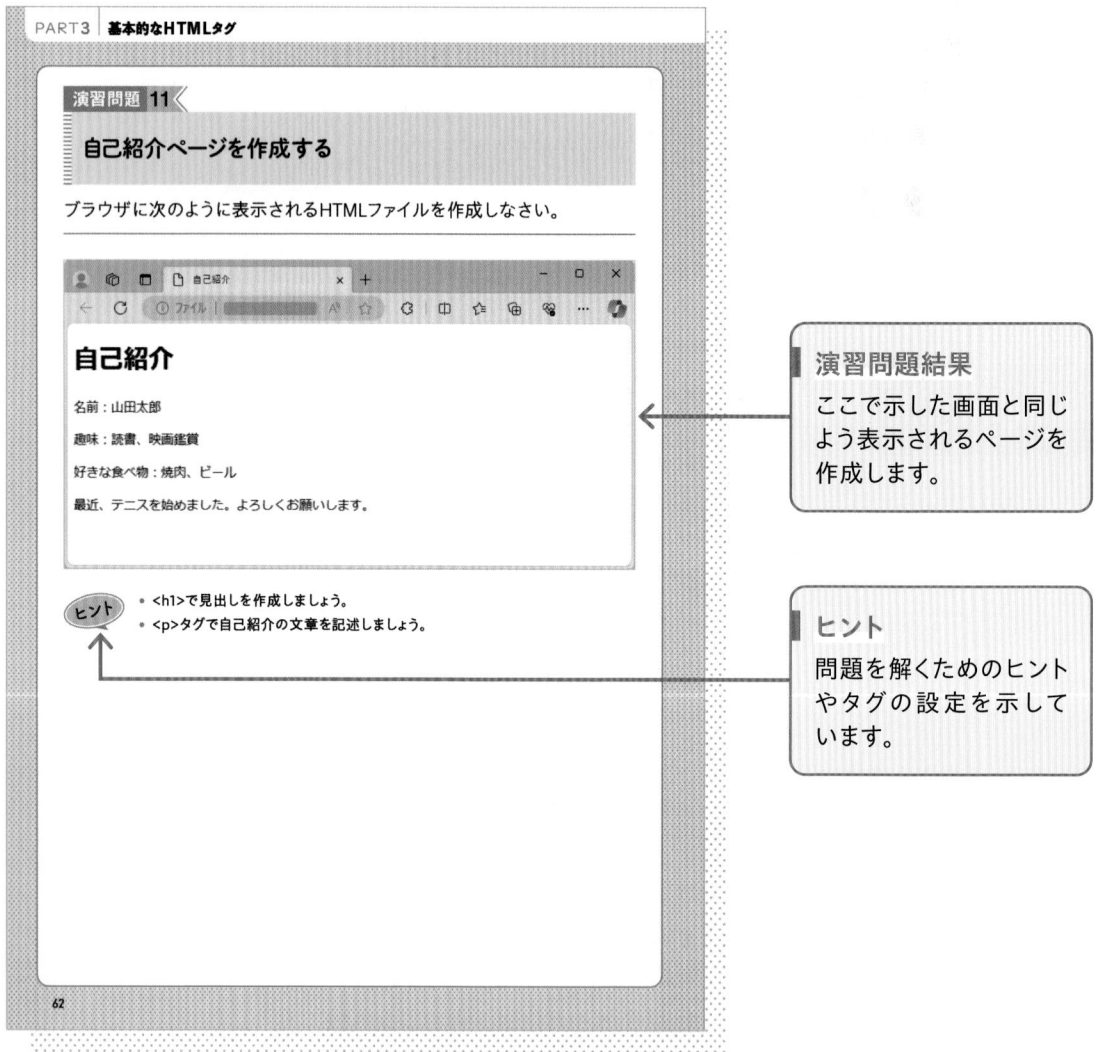

ダウンロードについて

本書で利用・作成されているファイルのサンプルは、弊社のWebサイトからダウンロード（取得）できます。ダウンロードを行う場合には、ダウンロードページに記載されている注意事項を必ずご確認ください。

ダウンロード用WebサイトURL：

http://gihyo.jp/book/2024/978-4-297-14019-9

ソース表記とエディタについて

　ソース部分で文字がさがっている箇所はキーボードの tab キーを利用して入力します。その際、文字が下がる文字数は、ソフトや設定によって異なります。HTMLでは、下がる文字数によって実行結果に変化はないため、ソース表記と実際の入力の字下げ数がが異なっていても正しく表示されます。本書のソースは4字下げで表記しています。

　本書の解説で使用しているWindows11バージョン「メモ帳」は tab キーを1回入力すると8文字下がりますので、本書のソース表記と異なりますが問題なく表示されます。

　「メモ帳」の具体的な使用方法は41ページを参照してください。

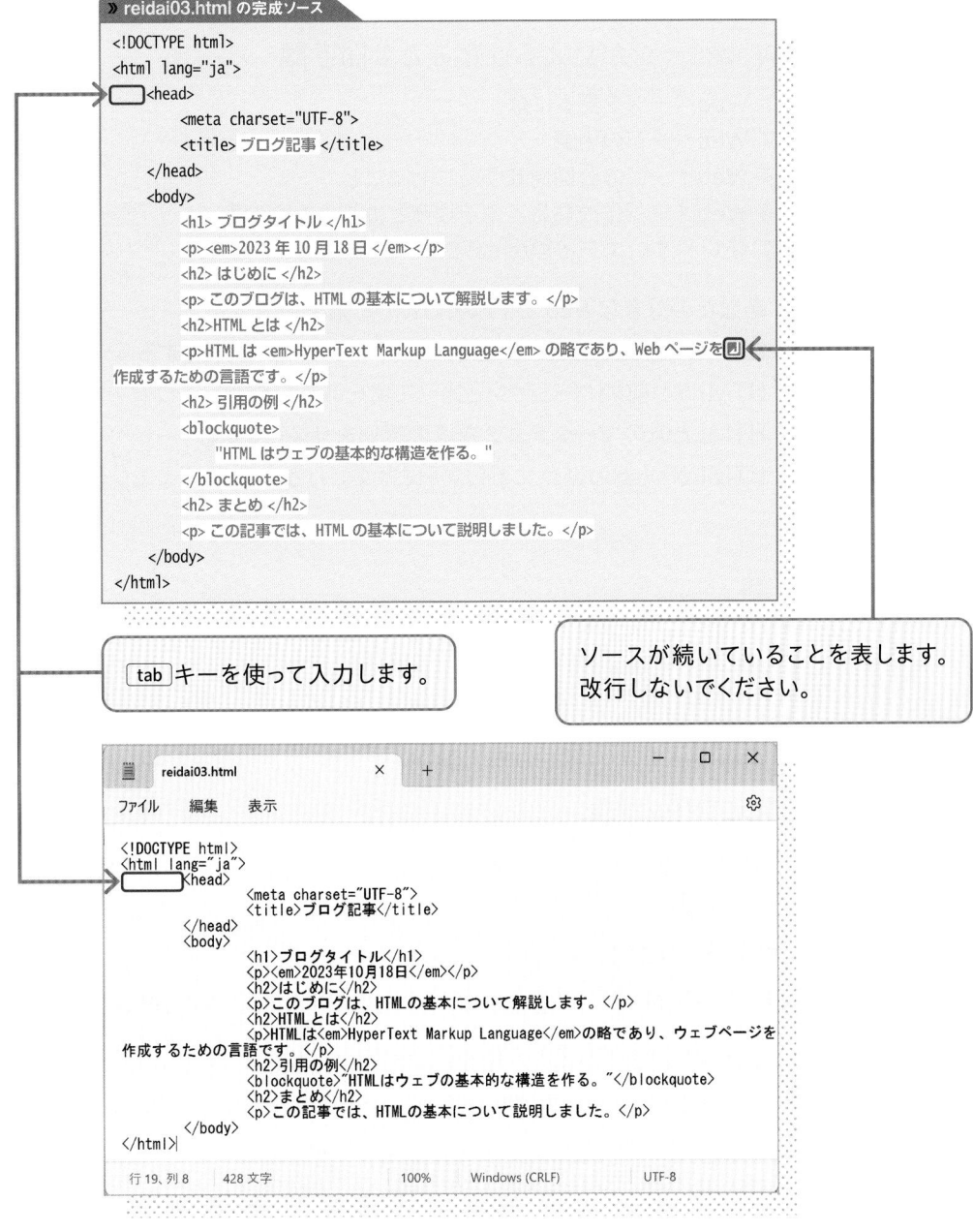

» reidai03.html の完成ソース

```
<!DOCTYPE html>
<html lang="ja">
    <head>
        <meta charset="UTF-8">
        <title> ブログ記事 </title>
    </head>
    <body>
        <h1> ブログタイトル </h1>
        <p><em>2023 年 10 月 18 日 </em></p>
        <h2> はじめに </h2>
        <p> このブログは、HTML の基本について解説します。</p>
        <h2>HTML とは </h2>
        <p>HTML は <em>HyperText Markup Language</em> の略であり、Web ページを作成するための言語です。</p>
        <h2> 引用の例 </h2>
        <blockquote>
            "HTML はウェブの基本的な構造を作る。"
        </blockquote>
        <h2> まとめ </h2>
        <p> この記事では、HTML の基本について説明しました。</p>
    </body>
</html>
```

tab キーを使って入力します。

ソースが続いていることを表します。改行しないでください。

reidai03.html

ファイル　編集　表示

```
<!DOCTYPE html>
<html lang="ja">
    <head>
        <meta charset="UTF-8">
        <title>ブログ記事</title>
    </head>
    <body>
        <h1>ブログタイトル</h1>
        <p><em>2023年10月18日</em></p>
        <h2>はじめに</h2>
        <p>このブログは、HTMLの基本について解説します。</p>
        <h2>HTMLとは</h2>
        <p>HTMLは<em>HyperText Markup Language</em>の略であり、ウェブページを
作成するための言語です。</p>
        <h2>引用の例</h2>
        <blockquote>"HTMLはウェブの基本的な構造を作る。"</blockquote>
        <h2>まとめ</h2>
        <p>この記事では、HTMLの基本について説明しました。</p>
    </body>
</html>
```

行 19、列 8　　428 文字　　　100%　　Windows (CRLF)　　UTF-8

PART 3

基本的なHTMLタグ 49

PART 4

リンクと画像 67

PART 5

リストの作成 89

PART 6

テーブルの作成 113

PART 7

フォームの作成 135

PART 8

CSSとは何か 157

PART**9**

CSSセレクタとプロパティ　　　　　　　173

PART**10**

CSSレイアウト　　　　　　　　　　　195

PART 11

レイアウトとポジショニング　　　　　221

PART 12

CSSアニメーション　　　　　247

PART 13

レスポンシブデザインの基本　265

付録

PART**1**

HTMLとは何か

学習の狙い

このパートでは、これから学んでいくHTMLについて、基本的な概念や歴史を振り返りながら、理解を深めます。

Lesson 1 HTMLの定義

学習のポイント ☑ HTMLの基本概念を理解する

このレッスンでは、HTMLの基本概念について学びます。

HTML（HyperText Markup Language）は、Webページを作成するための標準的なマークアップ言語です。この言語は、テキスト、画像、リンクなどのコンテンツをWebページ上でどのように表示するかを定義します。HTMLは、タグと呼ばれる特定のキーワードを使用して、文書の構造やスタイルを指定します。

現在HTMLの仕様は、WHATWG（Web Hypertext Application Technology Working Group）が主導して更新し、W3C（World Wide Web Consortium）はこれを参照・採用する形をとっています。

Webページの基礎となるHTMLは規則に則り記述された文字のみの文書ですが、ブラウザで表示させる際に、ブラウザ側で記述された内容を読み取り、画像や色を含めレイアウトされたページを見ることができます。

Webページの構造を示すために、HTMLは様々なタグを用います。例えば、<h1>から<h6>までのタグは見出しを表し、<p>タグは段落を表します。さらに、<a>タグはハイパーリンクを作成し、<img>タグは画像を挿入するのに使用されます。

HTMLは、単にページの内容をマークアップするだけでなく、CSS（Cascading Style Sheets）やJavaScriptなどの他の技術と連携して、より動的でインタラクティブなWeb体験を提供することができます。最新のバージョンでは、オーディオやビデオのようなリッチメディアコンテンツのサポートも含まれています。また、PCをはじめ、スマートフォン、タブレットなど、Webサイトの閲覧環境は様々です。どの端末で閲覧しても最適な表示にする、フレックスボックスやグリッドレイアウトなどはよく利用されています。

HTMLの歴史

☑ **HTMLがどのように進化してきたかを理解する**

このレッスンでは、HTMLの歴史について学びます。

HTMLの歴史は、1980年代後半に始まります。この言語は、ティム・バーナーズ=リーによって発明され、彼がCERN（欧州原子核研究機構）で働いていた時期に開発されました。バーナーズ=リーは、情報の共有と管理を改善するために、ハイパーテキストを利用した新しいシステムの必要性を感じていました。このシステムが、後にWorld Wide Webとして知られるようになります。

HTMLの最初のバージョンは、1991年に公開されました。この時のHTMLは非常に基本的なもので、わずか18のタグしか含まれていませんでした。初期のHTMLは、主に文書の構造を定義するためのもので、現代のようなスタイリングやレイアウトの機能は限られていました。

1990年代を通じて、HTMLは急速に進化しました。1994年には、HTML 2.0が発表され、フォームやテーブルなどの新しい要素が追加されました。1995年には、Netscape Navigatorの登場により、JavaScriptが導入され、Webページはよりインタラクティブになりました。これにより、HTMLは単なる文書記述言語から、動的なWebコンテンツを作成するためのプラットフォームへと変貌を遂げました。

2000年代初頭には、HTML 4.01が標準となり、CSSとの統合が強化されました。この時期には、ウェブ標準の推進が大きなテーマとなり、ブラウザ間の互換性とアクセシビリティが重視されるようになりました。

HTML5は、2008年に初めて草稿が公開され、2014年に正式な標準として承認されました。HTML5は、以前のバージョンよりも大幅に機能が強化され、ビデオやオーディオの組み込み、より高度なフォーム、さらにはオフラインでのWebアプリケーションのサポートなど、多くの新機能が追加されました。

HTML5の初期の段階では、W3CとWHATWGは別々にHTMLの仕様を進めていました。しかし、その後、Web技術の進化が速く、W3Cのプロセスが柔軟性に欠けていると感じられたため、両者は協力体制を築くことになりました。

2012年、WHATWGはHTML5の仕様を「Living Standard」と呼ばれる形式に変更しました。これは、静的なバージョン番号を持たず、将来の変更や追加に対応できるようにするためです。2021年に、変更や追加に柔軟なWHATWGのHTML Living Standardを主要なブラウザ全てが採用したことで、現在HTMLはHTML Living Standardを標準仕様としています。

HTMLの進化は、インターネットの発展と密接に結びついています。初期の単純な文書記述言語から、現代の複雑でインタラクティブなWeb体験を支える基盤へと成長してきました。この言語は、今後もテクノロジーの進歩に合わせて進化し続けるでしょう。

PART
1

HTMLのバージョン

学習のポイント　☑ **HTMLのバージョンの変遷について理解する**

　このレッスンでは、HTMLのバージョンの概要について学びます。

　HTMLの歴史を通じて、そのバージョンは何度もアップデートされ、新しい機能や標準が導入されてきました。以下でそれぞれのバージョンについて見ていきましょう。

HTML 1.0 ▶ 最初のHTMLバージョンは、1991年にティム・バーナーズ=リーによって提案されました。このバージョンには基本的なタグのみが含まれており、Webページの基本的な構造を定義することができました。

HTML 2.0 ▶ 1995年に公開され、HTMLの最初の公式仕様となりました。このバージョンでは、フォーム、テーブル、画像などの新しい要素が導入されました。

HTML 3.2 ▶ 1997年にW3Cによって発表され、スタイルシート、スクリプト、表、アプレットなどがサポートされました。

HTML 4.0 ▶ 1997年に発表され、その後1998年に4.01に改訂されました。スタイルシート（CSS）のサポート、より良いアクセシビリティ、フレームの導入などが特徴です。

XHTML 1.0 ▶ 2000年に公開されたこのバージョンは、HTML 4.01をXMLベースのフォーマットに再構成したものです。より厳密な文書構造が求められました。

HTML5 ▶ 2014年に正式な標準として承認されたHTML5は、セマンティックな意味を持つ新しい要素が導入されました。また、より高度なフォームコントロールやグラフィックス用のCanvas要素、オフラインアプリケーションサポートなど、フォーム要素やAPIが追加されました。さらに、オーディオやビデオの組み込みにより直接ブラウザで再生することが可能になり、マルチメディアの対応が進みました。

HTML Living Standard ▶ HTML5はW3C、HTML Living StandardはWHATWGがそれぞれ独自の標準としていましたが、各主要ブラウザがHTML Living Standardを標準として採用したこと、W3Cが2021年1月に独自の規格であるHTML5を廃止すること発表し、HTML Living Standardに統一されました。今までのHTMLはバージョン番号を持つ仕様でした。一方で、HTML Living Standardは静的なバージョン番号を持たず、定期的に更新されています。そのため、変更や追加に柔軟に対応でき、常に進化を続けています。

　各バージョンのHTMLは、Web技術の進化と共に、よりリッチでインタラクティブなWeb体験を提供するために進化してきました。HTML Livind Standardは現在標準とされており、将来的にもさらなる発展が期待されています。

Lesson 4 Webページが見える仕組みと公開手順

☑ Webページが見える仕組みを理解する
☑ Webページが公開される仕組みを理解する

　このレッスンでは、Webページがなぜパソコンやスマートフォンなどで見ることができるのか、またWebページを公開するために必要な知識について学びます。

1 Webページを見るには

　Webページを見るためには、インターネットに接続できる環境と、ブラウザが必要となります。通常、パソコンやスマートフォンには、ブラウザがあらかじめインストールされているので、インターネットに接続できる環境があれば、どこからでもWebページを見ることができます。インターネットに接続するためには、プロバイダとの契約が必要です。本書では、インターネット接続が完了していることを前提に進めていきますので、事前に環境を整えておいてください。

● インターネットに接続する

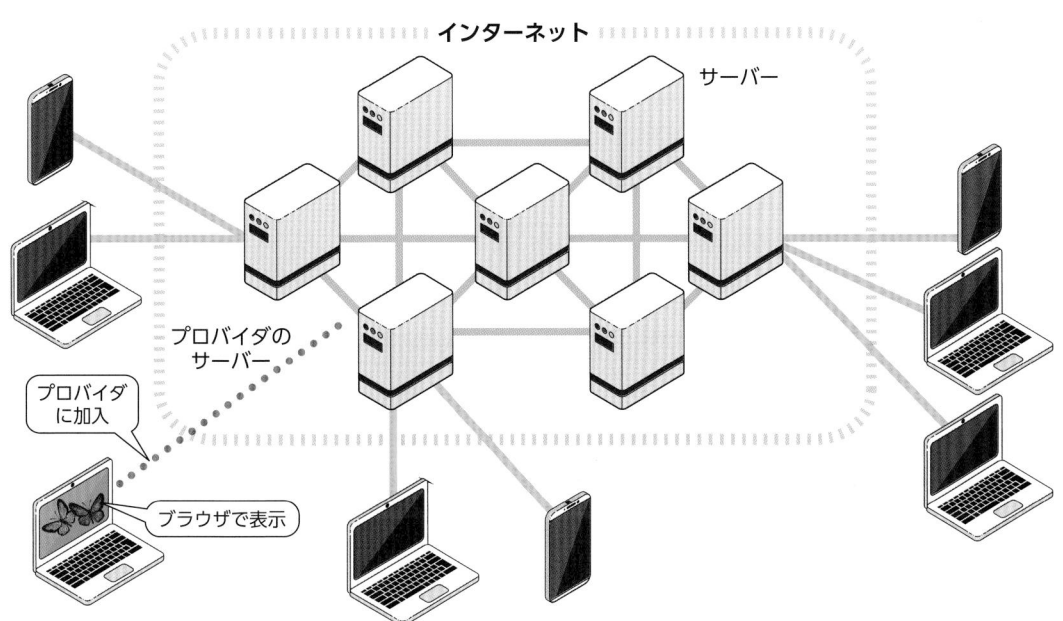

ブラウザは、指定されたアドレス（URL）を、インターネット上に無数に存在するWebサーバーから探し出し、必要なリソースを取得・解析して、画面に表示する役割を担っています。

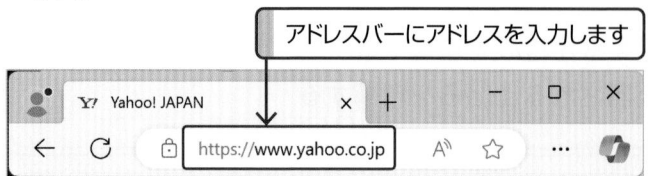

アドレスバーにアドレスを入力します

リソースとは
リソースの語源は、資源や材料となります。この場合のリソースとはWebページを表示させるための材料を指します。つまり、HTMLファイルや、画像ファイルのことを指します。

レンダリングとは
HTMLに書かれた構造、CSSによる色、配置などの指定を元に、ブラウザで見ることができるように、ページを組み立てることです。

この例（https://www.yahoo.co.jp/）のように、URLが「/」で終わるケースがよくあります。その場合には、「index.html」というファイルを見に行くルールとなっています（Webサーバーの設定で別のファイルを指定することも可能です）。

そのため、Webサイトのトップページには特別な理由がない限り、「index.html」というファイルを作成しておくことが、一般的になっています。

少し専門的な話になりますが、ブラウザとWebサーバーとの通信は、httpsプロトコルという決まりの下で行うルールとなっています。URLの最初が「https://」で始まっているのはこのためです。

Webページが表示されるまでの、ブラウザとWebサーバーのやりとりを下図にまとめました。

● ブラウザとWebサーバーのやりとり

ここで、インターネット関連の用語をご紹介しておきます。

用語解説

インターネット
インターネット・プロトコルを利用して、相互に接続されたコンピュータネットワーク。

プロトコル
コンピュータが通信する際の決まり。ブラウザでインターネットを見る際にはhttps（hyper text transfer protocol Secur）プロトコルが使用される。

WWW
World Wide Webの略。インターネット上のハイパーテキストシステムの一種。

ハイパーテキスト

他の文書の位置情報（ハイパーリンク）を埋め込み、つなげる仕組み。ハイパーリンクをクリックすると、指定した他の文書に移動できる。

HTML

Hyper Text Markup Languageの略。Webを表示するためのマークアップ言語。

HTMLファイル

HTMLで作成されたファイル。

URL

Uniform Resource Locatorの略。インターネット上のリソースを指定するための場所を指し示す記述形式。住所のようなもの。

CSS

Cascading Style Sheetsの略。レイアウトや文字の大きさ、色など見栄えを定義するための規格。

PART
1

　次の画面は、ブラウザ（Microsoft Edge）に表示されたWebページのサンプルです。このページを表示するためには、HTMLファイル以外にも、ストライプの背景やケーキなどの画像ファイル、レイアウトを定義するためのCSSファイルが必要です。

● CSS を使用している状態

● CSS を使用していない状態

　CSSを使用している場合も、使用していない場合も、表示される情報自体に違いはありません。それは、文書の内容や構造はHTMLファイルに定義されていて、レイアウトを定義するCSSファイルと明確に分離されているからです。

　このように、HTMLとCSSがそれぞれ異なる役割を持っているということは、大切なポイントとなりますので、覚えておきましょう。

2 Webページの中身

　それでは、先ほどブラウザに表示させたページの中身（HTML）を見てみましょう。Webページを表示したブラウザの画面を右クリックし、表示されたコンテキストメニューから［ソースの表示］をクリックしてください。この操作でWebページの中身であるHTMLのソースを見ることができます。

```
<!DOCTYPE html>                                                        ①
<html lang="ja">                                                       ②
    <head>                                                             ③
        <meta charset="UTF-8">                                         ④
        <title> サンプル </title>                                       ⑤
        <link rel="stylesheet" type="text/css" href="css/sample.css">  ⑥
    </head>
    <body>                                                             ⑦
        <div id="wrap">                                                ⑧
            <header>                                                   ⑨
                <h1>cafe blog</h1>
                <h2> 好きなカフェについて書くブログです </h2>
            </header>
            <div id="sidebar">                                         ⑩
                <h3>menu</h3>
                <nav>                                                  ⑪
                    <ul>
                        <li><a                                         ⑫
href="profile.html"> プロフィール </a></li>
                        <li><a
href="cafelist.html"> カフェリスト </a></li>
                    </ul>
                </nav>
            </div>
            <div id="contents">                                        ⑬
                <article>                                              ⑭
                <h4> 今週のお気に入りケーキ </h4>                           ⑮
                <div class="maintext">
                    <section>
                        <h5> シフォンケーキ </h5>
                            <p> ふわふわの食感がうれしいシフォンケーキには、軽めの生ク↵
リームがぴったりです。アイスクリームと一緒に食べるのもおすすめ。 </p>
```

```
                                    <p><img                                    ⓰
src="image/cake.jpg" width="200" height="200" alt=" ココアパウダーで星型のデコレーショ ⏎
ンがあり、バニラアイスと生クリームが添えられている、シフォンケーキです。"></p>
                              </section>
                              <section>
                                    <h5> チーズケーキ </h5>
                                          <p> ベリーソースの酸味がチーズのコクによくあいます。</p>
                                          <p><img src="image/cake2.jpg" width="200" height= ⏎
"200" alt=" ベリーのソースがたっぷりとかかり、ミントの葉が添えられたチーズケーキです。"></p>
                              </section>
                        </div>
                  </article>
            </div>
            <footer>                                                           ⓱
                  <address> 当ブログに関するご意見等は sample@ 〇〇〇 .com　までどうぞ。</ ⏎
address>
            </footer>
      </div>
   </body>
</html>
```

　HTMLは、 < と > に囲まれた**タグ**によって成り立っています。 例えば、上記のソースの中にある
<h5>シフォンケーキ**</h5>**という記述について、はじめの**<h5>**を**開始タグ**、終わりの**</h5>**を**終了**
タグと呼び、その間に内容を書くことになっています。

　h5というのは (レベル5の) 見出しという意味を持つので、ここでは**シフォンケーキは見出しである**
ことを意味付け (マークアップ) しています。これがHTMLの基本です。

　HTMLファイルを作成する際に重要なことは、それぞれの要素を、タグを使用して正しくマークアッ
プすることはもちろん、CSSや画像などが表示されない環境であっても、文書の内容自体はきちんと伝
わるよう、配慮して記述することです。

▶ **解説** ━━━

　それでは、このHTMLのタグが、どのような構造を表し、意味づけられているのかを、簡単に見ていきましょう。後のLessonにて学ぶ内容も含まれていますので、ここでは全体の構造やタグの記述の仕方などがこのようになっているということを、大まかにみるだけで大丈夫です。

❶ DOCTYPE宣言では、ドキュメントがHTML Living Standardに準拠した文書であることを宣言します。

❷ `<html>`は、HTML文書の始まりを指定します。`</html>`とセットで使用します。

❸ `<head>`はドキュメントの情報を示します。`</head>`とセットで使用し、この間にページに関する情報を入れていきます。

❹ meta要素では、その文書の文字コードや情報などを設定することができます。ここでは、文書の文字コードを指定しています。終了タグは必要ありません。

❺ `<title>`は、`</title>`とセットで使用します。ブラウザのタイトルバーに表示されます。

❻ link要素はHTMLから他のリソースを指定することで、ページに読み込むことができます。ここでは、CSSを読み込んでいます。終了タグは必要ありません。

❼ `<body>`はブラウザに表示するための内容を記述します。`</body>`とセットで使用します。

❽ レイアウトのために使用する要素です。左側のケーキの写真や説明が入っている本文と右側のメニュー部分をまとめて囲んでいます。idを指定することで、CSSでレイアウトの設定ができます。

❾ header要素には見出しタグが含まれます。

❿ レイアウトのために使用する要素です。❽で指定した囲みの中を2つにわけるために、ここでは、右側に表示されるメニュー部分を指定しています。

⓫ このページのナビゲーションを表します。

⓬ 他のページへのリンクを表します。

⓭ レイアウトのために使用する要素です。❿では右側に表示されるコンテンツを指定しましたが、ここでは、左側に表示される本文部分を指定しています。

⓮ 独立したコンテンツに使用するタグです。

⓯ 新しいセクションを表すタグです。

⓰ 画像を表示するタグです。

⓱ フッターを表すタグです。

3 Webページの公開時に気をつけること

　Webページの実体は、HTMLファイルと、HTMLで指定された画像などのファイルであることを説明しました。インターネット上にWebページを公開するには、それら全ての必要なファイルを、Webサーバー上の正しい位置にアップロードしておかなければなりません。

　また、これらのページは、閲覧する人の環境によって、見え方が異なることを意識しておく必要があります。それは、ブラウザの種類によってレンダリング結果に差があったり、アプリケーションのバージョンの違いにより、対応しているHTMLやCSSに差異があるためです。また、Windows、Macといった、OSの違いによる書体等の差、使用しているディスプレイの解像度による表示範囲のバリエーション、スマートフォンやタブレットで閲覧しているユーザーも多く、全ての環境に完全に対応することは、かなり難しい状況です。Webページを作成する際には、基準となる環境やサポートする範囲、優先順位を事前に決めておくと良いでしょう。

● Windows11 Microsoft Edge

今週のお気に入りケーキ

シフォンケーキ

ふわふわの食感がうれしいシフォンケーキには、軽めの生クリームがぴったりです。アイスクリームと一緒に食べるのもおすすめ。

● Mac OS Google Chrome

今週のお気に入りケーキ

シフォンケーキ

ふわふわの食感がうれしいシフォンケーキには、軽めの生クリームがぴったりです。アイスクリームと一緒に食べるのもおすすめ。

4 Webページ作成には、ブラウザとエディタが必要

　Webページを作成していく流れは、テキストエディタでHTMLやCSSファイルを記述し、意図している表示となっているか、ブラウザで確認を行います。必要に応じて、エディタで修正を行い、再度確認するという作業の繰り返しになります。

　本書では、ブラウザに「Microsoft Edge」、テキストエディタには、Windows11に付属する「メモ帳」を使用します。

使いやすいエディタ Visual Studio Codeについて

本書ではWindowsのメモ帳を使用する前提で各PARTの説明を進めますが、メモ帳よりさらに使いやすいエディタをお探しの方に向けて、Visal Studio Codeを紹介します。

Visual Studio Code（VS Code）は、HTMLやCSSの学習に非常に適したエディタの一つで、Microsoftが開発した無料で使えるオープンソースエディタです。オープンソースであり、世界中の開発者によってより使いやすくなるよう改善が重ねられています。

以下はVS Codeの特徴です。

多機能かつカスタマイズ可能

VS Codeは非常にカスタマイズ性が高く、拡張機能を追加することで様々な言語のサポートや追加機能を利用できます。HTMLやCSSのコーディングに特化した拡張機能も多数用意されており、これらを使用することでより効率的にコーディングを進めることができます。

直感的なインターフェース

VS Codeは使いやすいインターフェースを持っており、初心者でも簡単に操作を学ぶことができます。ファイルの管理や編集、デバッグなどの基本的な機能が直感的に利用できます。

統合ターミナルとデバッガー

統合されたターミナルとデバッガーを使うことで、コードの編集と実行を1つのウィンドウ内で行うことができます。これにより、開発の効率が大幅に向上します。

Gitの統合

VS CodeにはGitが統合されており、バージョン管理が簡単に行えます。この機能により、変更の追跡やコードの共有が容易になります。

> Gitは、ファイルの変更履歴を追跡し、複数の人が同じプロジェクトに効率的に協力できるように設計されたバージョン管理システムです。チームでの共同作業に特に向いており、いつでも過去の状態に戻れる安全性と、変更内容の詳細な記録を提供します。

広範なドキュメントとコミュニティ

VS Codeには詳細なドキュメントが用意されており、使い方やトラブルシューティングに関する情報が豊富に提供されています。また、アクティブなコミュニティが存在し、様々なサポートを受けることが可能です。

これらの特徴により、HTMLやCSSの勉強を始める初心者にとって、VS Codeは非常に適したツールです。VS Codeの導入、インストール方法は巻末付録で紹介します。

演習問題 1

あなたの好きなWebサイトのHTML要素を調査する

あなたの好きなWebサイトにアクセスし、ソースを表示してみましょう。

- Lesson4のWebページの中身を参考に、どのような要素が含まれているか見てみましょう。
- 表示したソースが複雑でわかりにくい場合、<head>、<body>、<title>、<h1>の4つの要素を確認しましょう。その他、何種類のタグが使われているか数えてみましょう。

演習問題 2

HTMLの歴史を時系列で表示するタイムラインを作成する

ノートに手書きまたはPCで任意のアプリケーションを使用して、HTMLの歴史を時系列で並べてみましょう。内容については、わかりやすいように要約しましょう。

- Lesson2のHTMLの歴史を参考にしましょう。
- 時系列がわかるように、年代は必ずいれましょう。

HTML5が前のバージョンと比べて何を改善したか、3つ例をあげる

HTML5になって改善されたことはどのようなことがあるでしょうか?
3つ例をあげてください。

 ヒント
- Lesson3の内容を確認してみましょう。
- 検索エンジンで調べてみましょう。

HTMLと他のマークアップ言語の違いをリストにする

調査結果を箇条書きにしましょう。

 ヒント
- マークアップ言語は、文書やデータの構造を定義するための言語で、さまざまな用途に使用されます。
- HTML以外のマークアップ言語にはXMLやHamlなどがあります。検索エンジンで調べてみましょう。

HTMLがWebの進化にどのように寄与したかを説明するエッセイを書く

400文字を目安に書いてみましょう。

 ヒント
- PART 1の各レッスンを参考にしましょう。
- どうしても文章にするのが難しい場合は、箇条書きで5個あげましょう。

HTMLの基本構造

学習の狙い

このパートでは、HTMLがどのような構造で成り立っているかを、具体的なタグでの例を見ながら学びます。

Lesson 1

DOCTYPE宣言

学習のポイント
- ☑ HTML文書のバージョンを指定する
- ☑ ブラウザのレンダリング動作を正確に制御する

　このレッスンでは、HTML文書の最初に記述するDOCTYPE宣言について学びます。後ほど手順を追いながら作成していきますので、まずは、文書の最初に記述しなければならない、記述しないとブラウザで正しくレンダリングされない場合があるという2点を、頭にいれておいてください。

　レンダリングとは、ウェブブラウザがHTML、CSS、JavaScriptなどのコードを読み込んで、それを視覚的なWebページに変換するプロセスのことを指します。簡単に言えば、コードを人が読みやすい形（テキスト、画像、ボタンなど）に「描画」する作業です。このときに、DOCTYPE宣言が正確でないと、ブラウザはページを正しく表示できない可能性があります。

ドキュメントタイプ宣言解説

<!DOCTYPE>

HTMLのバージョンを宣言する

サンプルソース

```
<!DOCTYPE html>
```

DOCTYPE宣言は文書の最初に来る必要があります。

Lesson 2

html、head、bodyタグ

学習のポイント
- ☑ HTML文書の基本的な構造を形成する
- ☑ メタデータと表示コンテンツを適切に管理する

　このレッスンでは、HTML文書の基本的な骨組みを形成するhtml、head、bodyタグについて学びます。具体的には、<html>タグでHTML文書全体を囲み、その中に<head>セクションと<body>セクションを設定する方法について解説します。この3つの主要なタグは、Webページのメタデータ、設定、そして表示されるコンテンツを管理する基盤となります。この基本的な構造を理解することで、効率的かつ適切にHTML文書を作成することが可能になります。

タグ解説

`<html>`

HTML文書全体を囲む要素

サンプルソース

```
<html lang="ja">
　〜省略
</html>
```

<html>タグは、DOCTYPE宣言の後に来る必要があります。また、ブラウザにどの言語を使用しているかを知らせるために、htmlの後に半角スペースをあけ、lang="ja"と記述します。jaを設定することで、日本語で書かれたHTML文書であることを指定できます。

タグ解説

`<head>`

メタデータやリンク、スクリプトなど、ページに関する情報を格納する部分

サンプルソース

```
<head>
　〜省略
</head>
```

<head>セクションは通常、ページのタイトルや使用するCSS、JavaScriptの情報などを含みます。

PART 2

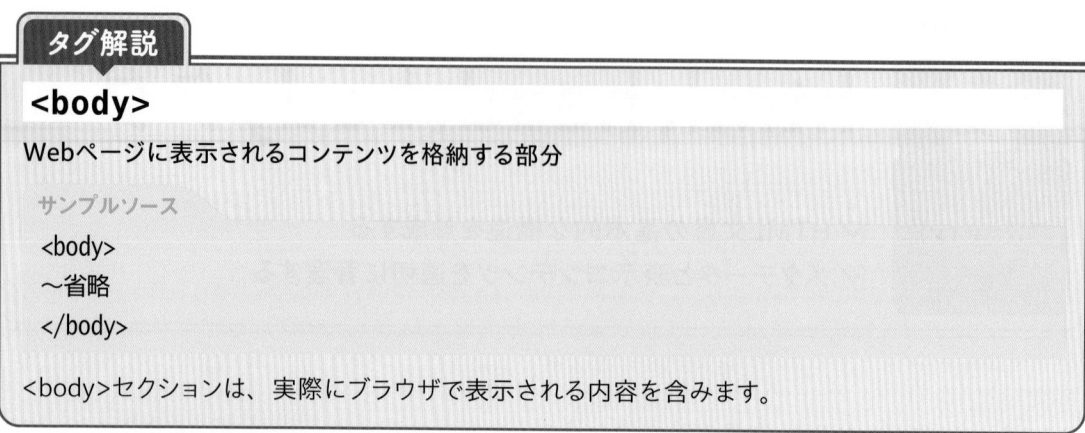

タグ解説

\<body\>

Webページに表示されるコンテンツを格納する部分

サンプルソース

```
<body>
〜省略
</body>
```

\<body\>セクションは、実際にブラウザで表示される内容を含みます。

それでは、これらのタグを使ったサンプルで、タグの位置を確認してみましょう。

» Lesson2 のサンプルソース

```
<!DOCTYPE html>
<html lang="ja">
    <head>
        <title> HTML 文書の基本的な構造 </title>
    </head>
    <body>
        <p> これは簡単な段落です。</p>
    </body>
</html>
```

　html、head、bodyタグは、HTML文書の基本的な骨組みを形成します。Lesson1で学んだDOCTYPE宣言を文書の最初に記述します。

　その後\<html\>タグでHTML文書全体を囲み、その中に\<head\>セクションと\<body\>セクションを設定します。

Lesson 3 メタタグ

学習のポイント
- ☑ ページに関するメタデータを定義する
- ☑ 検索エンジン最適化（SEO）におけるメタタグの重要性を理解する

　このレッスンでは、Webページに関するメタデータを定義するメタタグについて学びます。メタタグは、主に<head>セクション内で使用され、ページの文字エンコーディング、短い説明、キーワード、作成者情報などを指定することができます。これらの情報は検索エンジン最適化（SEO）に影響を与えることもあり、Webページの信頼性やアクセシビリティを高める役割も果たします。レッスン内では具体的なメタタグの使用例とその注釈についても解説します。

※WEBのアクセシビリティとはインターネット上の情報やウェブコンテンツをあらゆる人々が平等にアクセスし困難なく理解し利用できることを指します。

　例えば目が見えない人に向けて、画像に何の画像なのかを説明する代替テキストを用意する等があります。

　さらに詳しく知りたい場合、「WEB　アクセシビリティ」等で検索すると、参考になるページを探すことができきます。

PART 2

タグ解説

<meta>
HTML文書の文字コードや情報を設定する

サンプルソース
```
<head>
    <meta 属性 ="...">
</head>
```

属性解説

charset
文字エンコーディングを指定する

name
情報を提供する。値によって内容が異なる

値解説

description
ページの短い説明を提供

keywords

検索エンジンにページのキーワードを提供する

author

ページの作成者情報を指定する。

content

name属性で指定されたメタデータの値を定義し、Webページのメタデータを具体的に指定する

<meta>タグは主に<head>セクション内で属性と組み合わせて使用します。

それでは、これらのタグを使ったサンプルで、タグの位置や属性、値を確認してみましょう。

》 Lesson3 のサンプルソース

```
<!DOCTYPE html>
<html>
    <head>
        <title> メタタグの例 </title>
        <meta charset="UTF-8">
        <meta name="description" content=" メタタグの使用例です。">
        <meta name="keywords" content=" HTML，メタタグ，例 ">
        <meta name="author" content=" 作者名 ">
    </head>
    <body>
        <p> これは簡単な段落です。</p>
    </body>
</html>
```

文字エンコーディングは通常、"UTF-8"を指定します。

descriptionやkeywordsはSEO（検索エンジン最適化）に影響を与える可能性があります。

authorは必須ではありませんが、情報を提供することで信頼性が増します。

Lesson 4 セクションタグ

学習のポイント
- ☑ Webページの構造を明確に区分する
- ☑ セマンティックなマークアップの利点を理解する

　このレッスンでは、Webページの各部分を論理的にセクション化するためのセクションタグに焦点を当てます。セクションタグは、HTML文書を構造的に整理し、より理解しやすい形にするために非常に重要です。主なセクションタグとしては、<header>、<footer>、<article>、<section>、<nav>、<aside>などがあります。

　各タグは特定の役割や意味を持っており、例えば<header>はページのヘッダー部分、<nav>はナビゲーションリンク、<article>は独立したコンテンツをそれぞれ表します。このように、文書の構造や意味を表したタグを使用して記述していくことを、セマンティックなマークアップといいます。また、このようにマークアップすることで、ユーザーや検索エンジンにとってわかりやすいページを作ることができます。

　また、このレッスンではセクションタグの具体的な使用例について解説します。注意点として、セクションタグはデザインやスタイルを適用する目的で使用するのではなく、コンテンツを論理的に整理する目的で使用することが推奨されています。

タグ解説

\<header\>
ページまたはセクションのヘッダー部分を表す

タグ解説

\<footer\>
ページまたはセクションのフッター部分を表す

タグ解説

\<article\>
独立したコンテンツを表す

例えば、ブログの記事、ニュース記事、製品のレビューなどは<article>を使用することができます。<article> タグ内には、見出し、本文、画像、リンク、および他のコンテンツが含まれます。

PART
2

タグ解説

`<section>`

文書内で論理的に関連したコンテンツをグループ化する

一般的なセクションを表すのに適しており、そのセクションを表現するにあたって、適したタグがない場合に使用します。また、セクションには基本的に見出しが必要となります。

タグ解説

`<nav>`

ナビゲーションリンクを含むセクションを表す

タグ解説

`<main>`

メインコンテンツを識別する

<main> タグで囲むことで、検索エンジンなどがページ内の主要なコンテンツがどの部分なのかを識別することができます。
通常、1つのWebページには1つの <main> タグが存在します。

タグ解説

`<aside>`

ページのコンテンツとは直接関連しないが、補足情報として存在するコンテンツを表す

<aside>は、広告、サイドバー、引用、関連記事、作者のプロフィールなどに使用されます。
<aside>のみでは、独立して成り立つコンテンツにならない部分が、<article>と異なります。

それでは、これらのタグを使ったサンプルで、タグの位置を確認してみましょう。

》Lesson4 のサンプルソース

```
<!DOCTYPE html>
<html lang="ja">
    <head>
        <meta charset="UTF-8">
        <title> セクションタグの例 </title>
    </head>
    <body>
        <header>
            <h1> ウェブサイトのタイトル </h1>
            <nav>
                <ul>
                    <li><a href="#"> ホーム </a></li>
                    <li><a href="#"> 記事 </a></li>
                    <li><a href="#"> コンタクト </a></li>
                </ul>
            </nav>
        </header>
<main>
    <article>
        <h2> 最新の記事 </h2>
            <p> ここに記事の内容が入ります。 </p>
    </article>
    <section>
            <h3> 関連情報 </h3>
                <p> ここに関連する情報や広告などが入ります。 </p>
    </section>
</main>
<aside>
    <h3> サイドバー </h3>
    <p> サイドバーに関するコンテンツが入ります。 </p>
</aside>
    <footer>
        <p>Copyright 2023 by Example.com</p>
    </footer>
    </body>
</html>
```

PART
2

　セクションタグは、その名の通り特定のセクションや機能を持つコンテンツを囲むために使用されます。単にデザインやスタイルを適用する目的で使用するのは推奨されません。

　サンプルソース内で使用した各セクションタグについて、以下で解説をします。

\<header\>セクション

ウェブサイトのヘッダー部分で、サイトのタイトルとナビゲーションを含みます。

\<nav\>セクション

ナビゲーションメニュー内に、ホーム、記事、コンタクトのリンクがあります。

\<main\>セクション

メインコンテンツを配置します。このセクション内には記事とその他の情報のセクションがあります。

\<article\>セクション

最新の記事のコンテンツを含みます。\<h2\>は記事の見出しを、\<p\>は記事の内容を表しています。

\<section\>セクション

関連情報のコンテンツを含みます。\<h3\>はセクションの見出しを、\<p\>はコンテンツを表しています。

\<aside\>セクション

サイドバーに関するコンテンツを含みます。\<h3\>はサイドバーの見出しを、\<p\>はコンテンツを表しています。

\<footer\>セクション

ウェブページのフッター部分で、著作権情報を含みます。

HTMLファイルを作ってみよう

▶ 例題の目的

HTMLの基本的なタグを使用して、シンプルなWebページを作成する。

》 reidai01.html の完成ソース

```
<!DOCTYPE html>
<html lang="ja">
    <head>
        <meta charset="UTF-8">
        <title> ケーキの世界 </title>
    </head>
    <body>
        <header>
            <h1> ケーキの世界を楽しむ </h1>
            <nav>
                <ul>
                    <li><a href="#"> ホーム </a></li>
                    <li><a href="#"> ケーキメニュー </a></li>
                    <li><a href="#"> お問い合わせ </a></li>
                </ul>
            </nav>
        </header>
        <main>
            <article>
                <h2> 最新のケーキ情報 </h2>
                <p> 新作ケーキについての情報がこちらに掲載されます。季節限定の素材
を使用したケーキや、当店オリジナルのスイーツをたくさんご用意してお待ちしております。 </p>
            </article>
            <section>
                <h3> ケーキとおすすめドリンク </h3>
                <p> ここでは、美味しいケーキの楽しみ方や、おすすめのドリンクとの組み
合わせなどをお届けします。 </p>
            </section>
        </main>
        <aside>
            <h3> お知らせ </h3>
```

PART
2

```
            <p> 新作ケーキの入荷情報やお得なイベント情報をお知らせします。</p>
        </aside>
        <footer>
            <p>Copyright &copy; 2024 cake</p>
        </footer>
    </body>
</html>
```

▶ ソースの注釈

　タグは必ず半角英数で入力してください。全角が含まれるとブラウザで正しく表示されないので、注意してください。

　<!DOCTYPE html>：HTML文書のバージョンを宣言しています。

　<html lang="ja">：言語が「ja」（日本語）であることを示しています。

　<head>：HTML文書のメタ情報や外部リソースの指定など、文書全体の情報を含むセクションを示しています。

　<meta charset="UTF-8">：文字エンコーディングをUTF-8に指定しています。これにより、日本語文字などの多言語文字を正しく表示できます。

　<title>：ページのタイトルを指定しています。ブラウザのタブや検索結果に表示されます。

　<body>：HTML文書の実際のコンテンツが含まれるセクションです。

　<header>：ヘッダーセクションを明示しています。ページのタイトルとナビゲーションが含まれています。

　<h1><h2><h3>：見出しタグです。詳しくはPART3で扱います。

　<nav>：ナビゲーションメニューであることを示します。

　<ul><li>：ナビゲーションリストを作成するためのタグです。詳しくはPART5で扱います。

　<a href="#">：リンクを作成するためのタグです。詳しくはPART4で扱います。

　<main>：ページのメインコンテンツを示します。

　<article>：特定のトピックに関する独立したコンテンツで、ここでは最新のケーキ情報を表しています。

　<h2>：見出しタグです。

　<p>：段落を作成するためのタグです。詳しくは次のPART3で扱います。

　<section>：ケーキの楽しみ方について記述したセクションです。

　<aside>：サイドバーセクションで、お知らせを表示する部分を表しています。

　<footer>：フッターセクションです。

▶ 操作

　HTMLファイルを作成するには、テキストを扱えるエディタが必要となります。ここではWindowsの「メモ帳」を使ってHTMLファイルを作成しましょう。

　また、本書で作成したファイルは、デスクトップの［myhtml］フォルダに保存します。デスクトップで右クリックをし、表示されたメニューから「新規作成」で「フォルダ」を選び、myhtmlと名付けてください。フォルダ名は半角で入力します。

1 メモ帳を起動する

左下にある[Windows]ボタンをクリックし、メニューを表示します。すべてのアプリ→Windowsアクセサリ→メモ帳をクリックし、起動します。

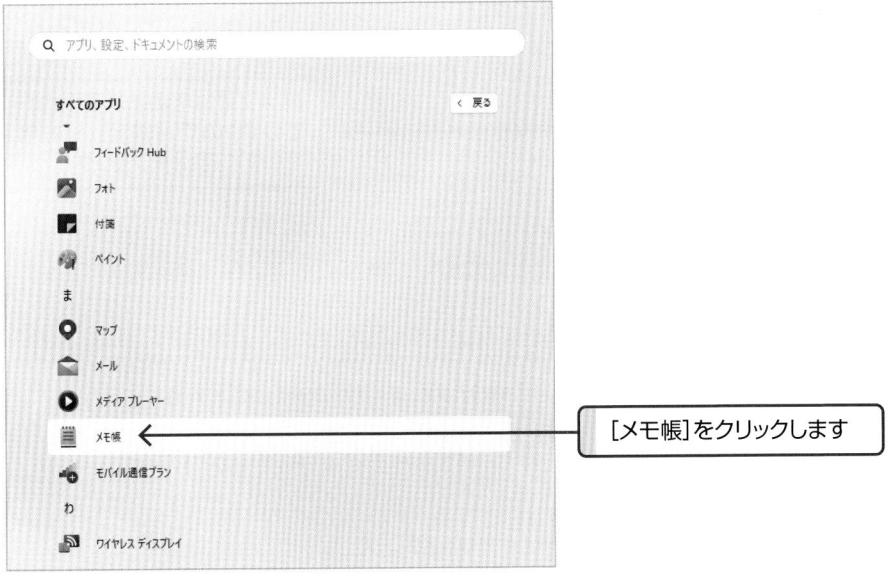

[メモ帳]をクリックします

2 HTML文書を入力する

メモ帳の画面で、「reidai01.htmlの完成ソース」の内容を入力します。タグは、タブでスペースを入れながら入力すると、後から読みやすくなります。このスペースはブラウザでの表示に影響はありません。

```
<!DOCTYPE html>
<html lang="ja">
    <head>
        <meta charset="UTF-8">
        <title>ケーキの世界</title>
    </head>
    <body>
        <header>
            <h1>ケーキの世界</h1>
            <nav>
                <ul>
                    <li><a href="#">ホーム</a></li>
                    <li><a href="#">ケーキメニュー</a></li>
                    <li><a href="#">お問い合わせ</a></li>
                </ul>
            </nav>
        </header>
        <main>
            <article>
                <h2>最新のケーキ情報</h2>
                <p>新作ケーキについての情報がこちらに掲載されます。季節限定の素材を使用したケーキや、
            </article>
            <section>
                <h3>ケーキの楽しみ方</h3>
                <p>ここでは、美味しいケーキの楽しみ方や、おすすめのドリンクとの組み合わせなどをお届け
            </section>
        </main>
        <aside>
            <h3>お知らせ</h3>
            <p>新作ケーキの入荷情報やお得なイベント情報をお知らせします。</p>
        </aside>
        <footer>
            <p>Copyright &copy; 2024 cake</p>
        </footer>
    </body>
</html>
```

③ メモ帳の右端で折り返しをチェックする

右端で折り返しをチェック前

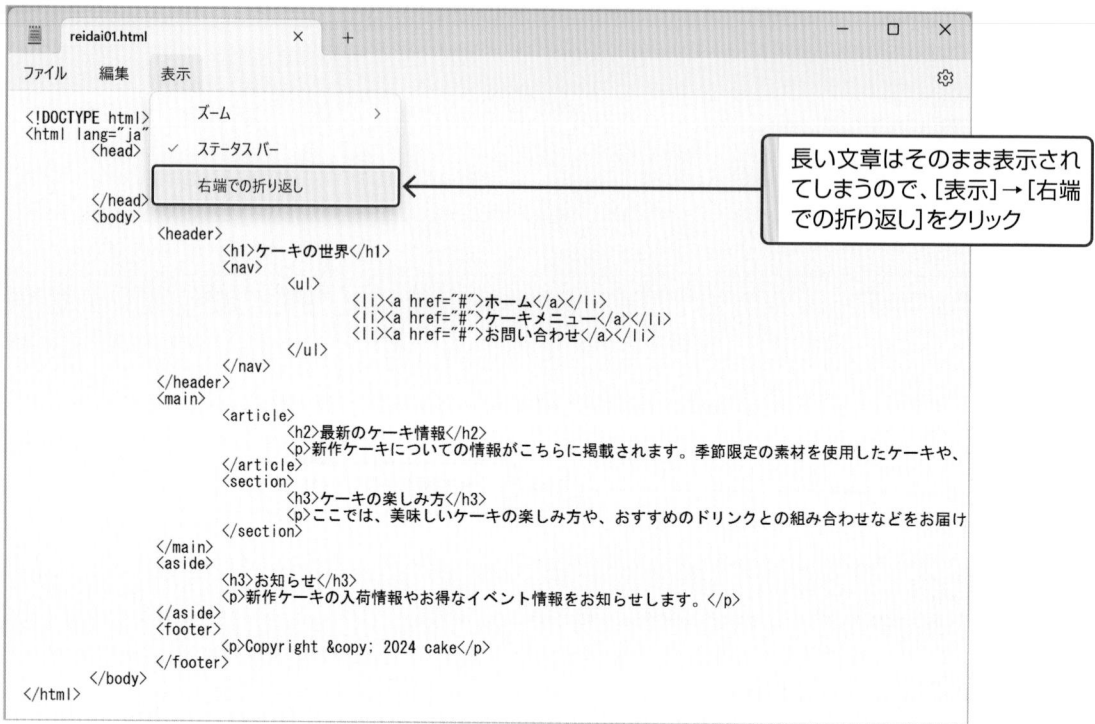

長い文章はそのまま表示されてしまうので、[表示]→[右端での折り返し]をクリック

折り返し後 実際にメモ帳で作成したソース

```
reidai01.html                    ×    +

ファイル   編集   表示

<!DOCTYPE html>
<html lang="ja">
        <head>
                <meta charset="UTF-8">
                <title>ケーキの世界</title>
        </head>
        <body>
                <header>
                        <h1>ケーキの世界</h1>
                        <nav>
                                <ul>
                                        <li><a href="#">ホーム</a></li>
                                        <li><a href="#">ケーキメニュー</a></li>
                                        <li><a href="#">お問い合わせ</a></li>
                                </ul>
                        </nav>
                </header>
                <main>
                        <article>
                                <h2>最新のケーキ情報</h2>
                                <p>新作ケーキについての情報がこちらに掲載されます。季節限定の素材を使用したケーキ
や、当店オリジナルのスイーツをたくさんご用意してお待ちしております。</p>
                        </article>
                        <section>
                                <h3>ケーキの楽しみ方</h3>
                                <p>ここでは、美味しいケーキの楽しみ方や、おすすめのドリンクとの組み合わせなどをお
届けします。</p>
                        </section>
                </main>
                <aside>
                        <h3>お知らせ</h3>
                        <p>新作ケーキの入荷情報やお得なイベント情報をお知らせします。</p>
                </aside>
                <footer>
                        <p>Copyright &copy; 2024 cake</p>
                </footer>
        </body>
</html>
```

4 HTMLファイルとして保存する

メニューバーの[ファイル]→[名前をつけて保存]→エクスプローラーからデスクトップをクリックし
[myhtml]フォルダーを選択します。

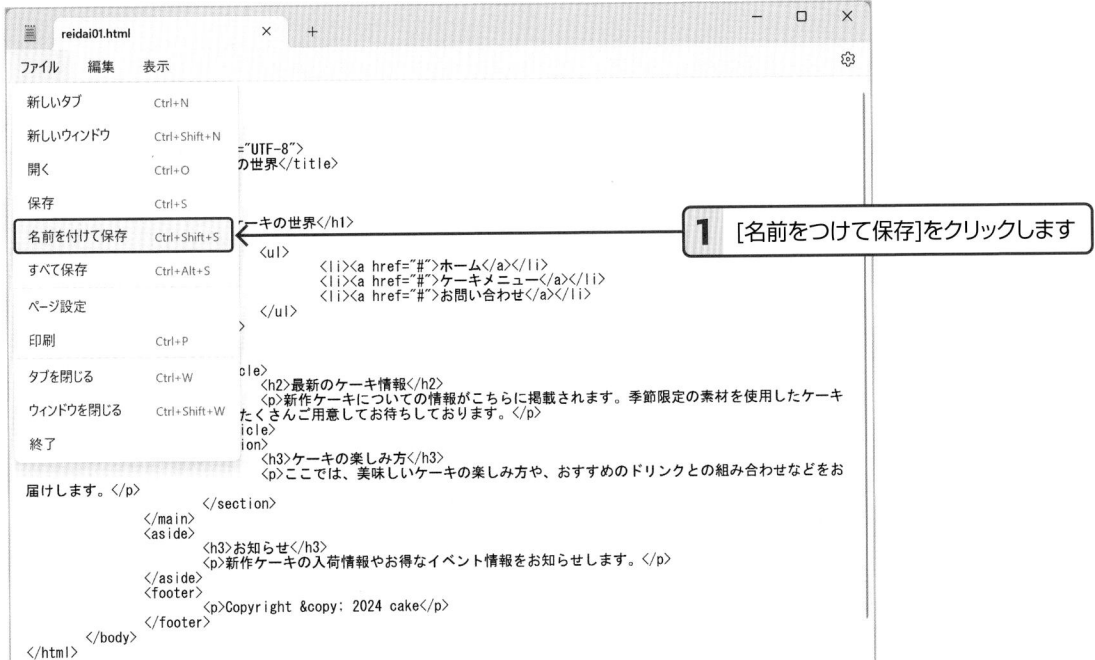

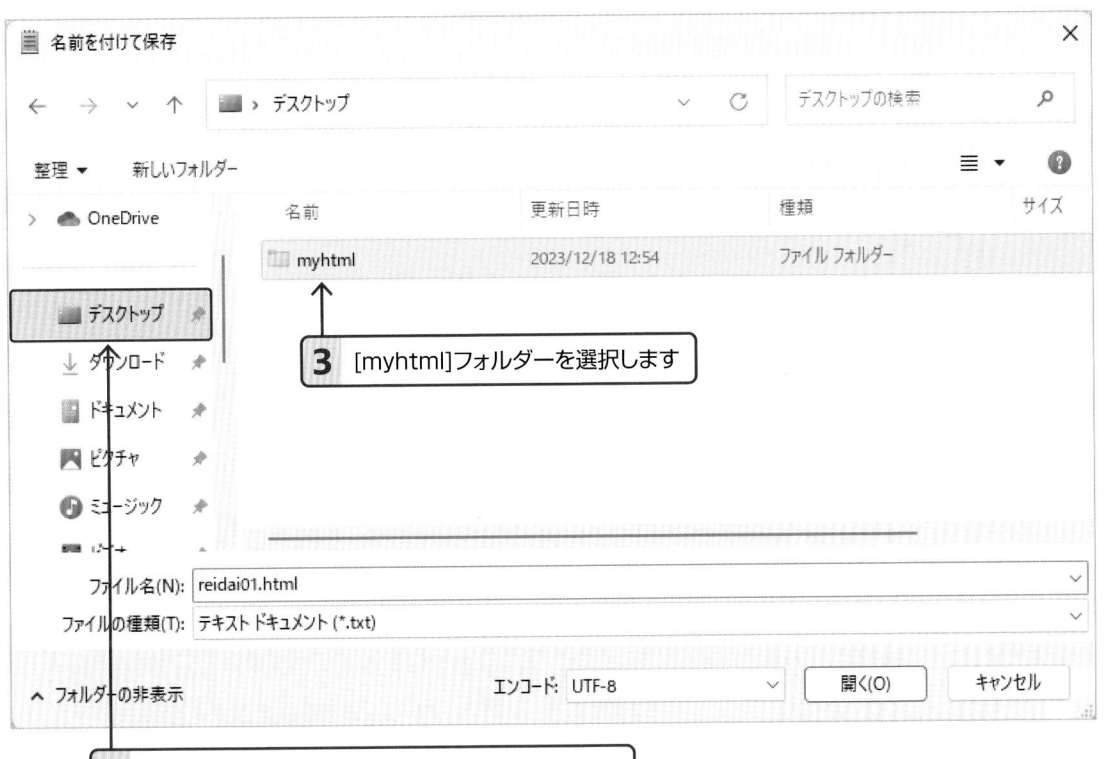

　選択した「myhtml」フォルダーをダブルクリックし、フォルダーを開きます。ファイル名に「reidai01.html」と入力します。文字コードのプルダウンをクリックし、UTF-8を選択して、[保存]ボタンをクリックします。

4　文字コードはUTF-8を選択します

5　メモ帳を終了する

　[ファイル]→[終了]をクリックし、メモ帳を終了します。

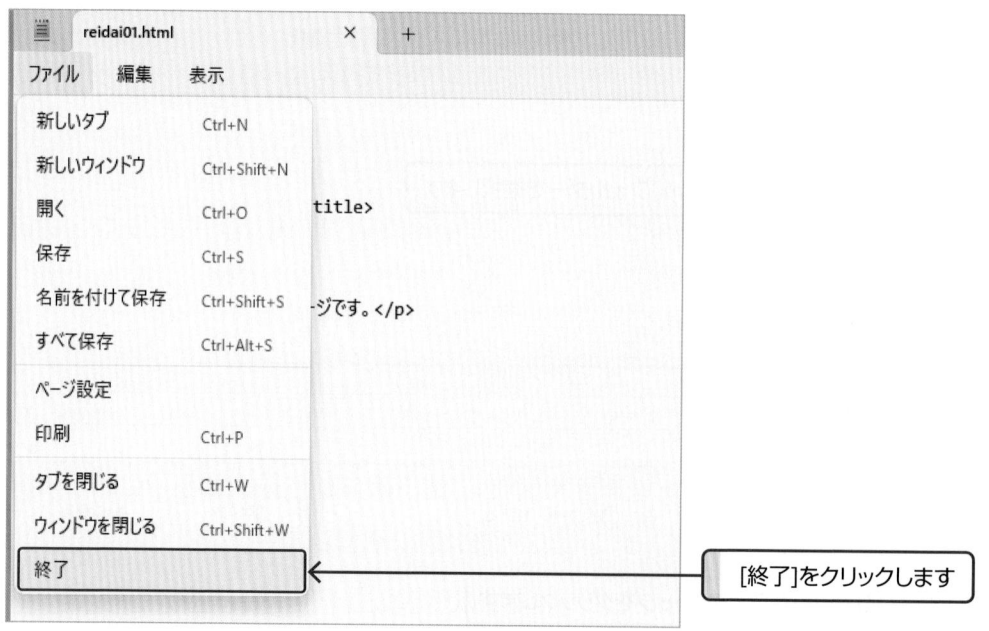

[終了]をクリックします

⑥ ファイルが作成されたことを確認する

作成したHTMLファイルが「reidai01.html」で保存されていることを確かめてみましょう。まずは、保存先のフォルダー「myhtml」をダブルクリックして開きます。

⑦ 作成したHTMLファイルをブラウザで表示する

作成したHTMLファイルをブラウザ（ここでは、MicrosoftEdge）に表示してみましょう。

フォルダー「myhtml」の画面で、「reidai01.html」をダブルクリックすると、ブラウザが開き、<body>〜</body>に入力した文字が表示されています。ダブルクリックでMicrosoftEdgeが開かない場合、通常使うブラウザが他に設定されています。その場合には、HTMLファイルを選択し、右クリックします。メニューからプロパティを選択し、プログラムの横にある変更ボタンをクリックし、MicrosoftEdgeを選択します。ブラウザで表示した場合、h1要素とp要素で文字の大きさが違うことがわかります。これは、マークアップをするとデフォルトのスタイルが、自動で適応されるからです。このスタイルを自分の意図で変更やコントロールするために、後で学ぶスタイルシートを使用します。

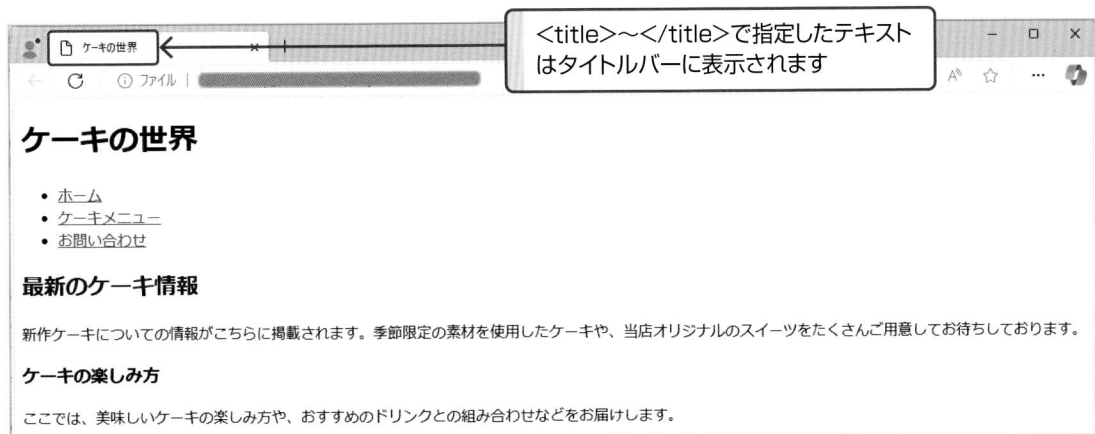

演習問題 6

それぞれのセクションの目的を説明したHTMLページを作成する

ブラウザに次のように表示されるHTMLファイルを作成しなさい。

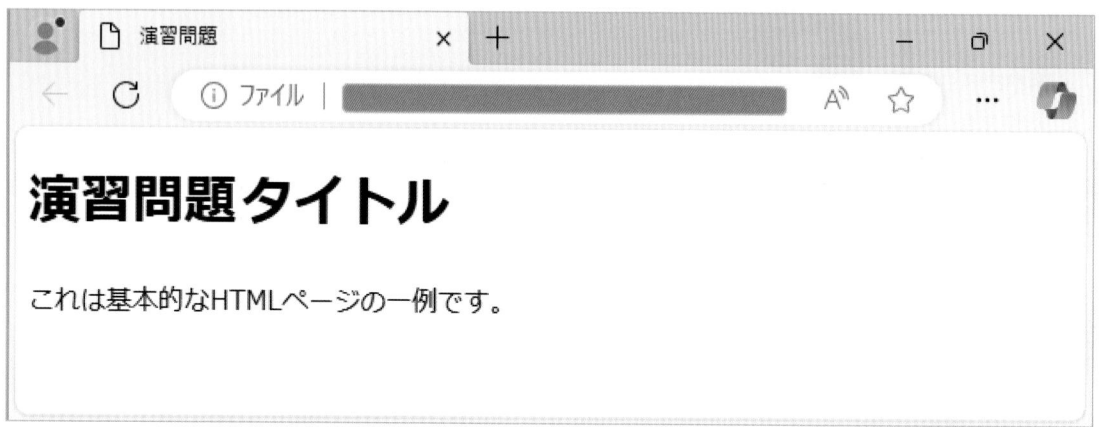

- DOCTYPE宣言、htmlタグ、headセクション、metaメタデータ、bodyセクションを作成してください。
- head要素はブラウザでの表示には影響しません。
- enshu06.htmlをメモ帳で開き、ソースがあっているかを確認しましょう。

演習問題 7

複数のセクションを含むHTMLページを作成する

ブラウザに次のように表示されるHTMLファイルを作成しなさい。

- reidai01.htmlを参考にしましょう
- headセクションには文字コードの指定、タイトル、コンテンツの要約「複数のセクションを含むHTMLページの演習」をいれましょう。
- <header>, <main>, <footer> セクションを使ってページ構造を明確にしましょう。
- さらに、<nav>や<article>、<section>、<aside>などのセマンティックなタグも使用しましょう。
- セクション要素はブラウザでの表示には影響しません。
- enshu07.htmlをメモ帳で開き、ソースがあっているかを確認しましょう。

演習問題 8

\<head\>タグ内に必要な要素を3つあげる

\<head\> セクション内でよく使われる要素を3つリストアップしましょう

 ヒント
- \<meta charset="…"\>、\<title\>、\<link rel="…"\>など様々な種類があります。
- Lesson2の内容も確認してみましょう。

演習問題 9

\<title\> タグと \<meta\>タグの重要性を調査する

調査結果を箇条書き、または100文字程度で書いてみましょう。

 ヒント
- \<title\>タグがWebページのどの部分に影響を与えるかや、\<meta\>タグがSEOやページの説明にどのように役立つかについて、触れてください。

演習問題 10

DOCTYPE宣言が何であり、
なぜ重要であるかを調査する

調査結果を箇条書き、または100文字程度で書いてみましょう。

 ヒント
- DOCTYPE宣言の役割や、ウェブブラウザのレンダリングにどのように影響するかについて触れてください。

PART3

基本的な HTMLタグ

学習の狙い

このパートでは、見出しや段落などよく使用される基本的なタグの使いかたを学びます。

Lesson**1**　ヘッダータグ
Lesson**2**　段落と改行タグ
Lesson**3**　強調タグ
Lesson**4**　引用タグ

Lesson 1 ヘッダータグ

学習のポイント
- ☑ ページ内の見出しを設定する
- ☑ ヘッダータグの階層性とその重要性を理解する

このレッスンでは、Webページ内で見出しを設定するためのヘッダータグについて学びます。ヘッダータグは、<h1>から<h6>までのタグを含み、これらは見出しの階層性を示します。正確な見出しの階層を設定することで、Webページのアクセシビリティが高まり、検索エンジンにページの重要なトピックが何か、どのような構造のページかを伝えることができます。

タグ解説

<h1>

セクションの見出しを表す

サンプルソース
```
<h1> 実験の結果について </h1>
```

見出しを表すタグは、<h1>〜<h6>まであります。
<h1>は最も重要な見出しを指定します。ページに一つだけ使用することが推奨されます。
<h2>以下はサブ見出しを指定します。こちらはページに複数使用することができます。使用する際には階層に注意します。

それでは、これらのタグを使ったサンプルで、タグの位置を確認してみましょう。

» Lesson1 のサンプルソース

```
<!DOCTYPE html>
<html lang="ja">
    <head>
        <meta charset="UTF-8">
        <title> ヘッダータグの使用例 </title>
    </head>
    <body>
        <header>
```

```
                <h1>Web デザインの基礎 </h1>
        </header>
        <main>
            <section>
                <h2> セクション 1: HTML の基本 </h2>
                <p>HTML (HyperText Markup Language) は……</p>
                <section>
                    <h3>1.1 HTML の概要 </h3>
                    <p>HTML は……</p>
                </section>
                <section>
                    <h3>1.2 HTML の基本構造 </h3>
                    <p>HTML 文書の基本構造は……</p>
                </section>
            </section>
            <section>
                <h2> セクション 2: CSS の基礎 </h2>
                <p>CSS (Cascading Style Sheets) は……</p>
                <section>
                    <h3>2.1 CSS の概要 </h3>
                    <p>CSS は……</p>
                </section>
                <section>
                    <h3>2.2 CSS の基本構文 </h3>
                    <p>CSS の基本構文は……</p>
                </section>
            </section>
        </main>
        <footer>
            <p>&copy; 2024 サンプルサイト </p>
        </footer>
    </body>
</html>
```

　<h1>でこのページの重要なトピックはWebデザインの基礎であることを伝えています。<h2>と<h3>を使うことで、文書の階層をわかりやすくしています。

Lesson 2 段落と改行タグ

学習のポイント

☑ HTMLでテキストを整形する基本的なタグを学ぶ
☑ 段落と改行の違いを理解する

　このレッスンでは、HTMLでテキストを整形するための基本的なタグである段落（<p>）と改行（
）について学びます。これらのタグはテキストコンテンツの構造を整え、読みやすくするために重要です。

タグ解説

<p>

段落を表す

サンプルソース

```
<p> 今日は雨が降っています </p>
```

タグ解説

改行を表す

サンプルソース

```
<p> 今日は雨が降っています。<br>
    天気予報では一日中降り続くと言っていました </p>
```

それでは、これらのタグを使ったサンプルで、タグの位置を確認してみましょう。

```
<!DOCTYPE html>
<html lang="ja">
    <head>
        <meta charset="UTF-8">
        <title> 段落と改行の例 </title>
    </head>
    <body>
        <p> これは一つの段落です。 </p>
        <p> これは別の段落です。 <br> 改行を挿入しました。 </p>
    </body>
</html>
```

<p>タグは新しい段落を開始します。

タグは改行を挿入し、テキストを次の行に移動させます。

段落と改行タグは、それぞれ特定の目的に使用することが推奨されています。<p>は複数の文が一つのまとまりとなる場合、
は同じ段落内で改行が必要な場合に使用します。過度な使用は避け、コンテンツの構造と読みやすさに注意を払いましょう。

PART
3

<table>
<tr><td>例題
2</td><td>自己紹介ページを作ってみよう</td></tr>
</table>

▶ 例題の目的

HTMLの基本的なタグを使用して、自己紹介のWebページを作成する。

» reidai02.html の完成ソース

```
<!DOCTYPE html>
<html lang="ja">
    <head>
        <meta charset="UTF-8">
        <title> 自己紹介ページ </title>
    </head>
    <body>
        <h1> 自己紹介 </h1>
        <p> 私の名前は山田花子です。</p>
        <p> 趣味は映画を見ることです。<br> 今年はすでに映画を 30 本見ています。</p>
    </body>
</html>
```

▶ ソースの注釈

Lesson1で学んだ<h1>タグを使用し、このページが自己紹介用のページであることを表しています。

名前と趣味でそれぞれ段落である<p>を使用しています。趣味の段落では関係のある事柄として、映画を30本見たということを、改行である
を使用して、記述しています。

▶ 操作

1 HTMLファイルをコピーし、ファイル名を変更する

「reidai01.html」をコピーし、ファイル名を「reidai02.html」に変更します。

2 メモ帳でHTMLファイルを開き、ソースを変更する

「reidai02.htmlの完成ソース」を参考に、色文字になっている箇所を書き換えてください。

実際にメモ帳で作成したソース

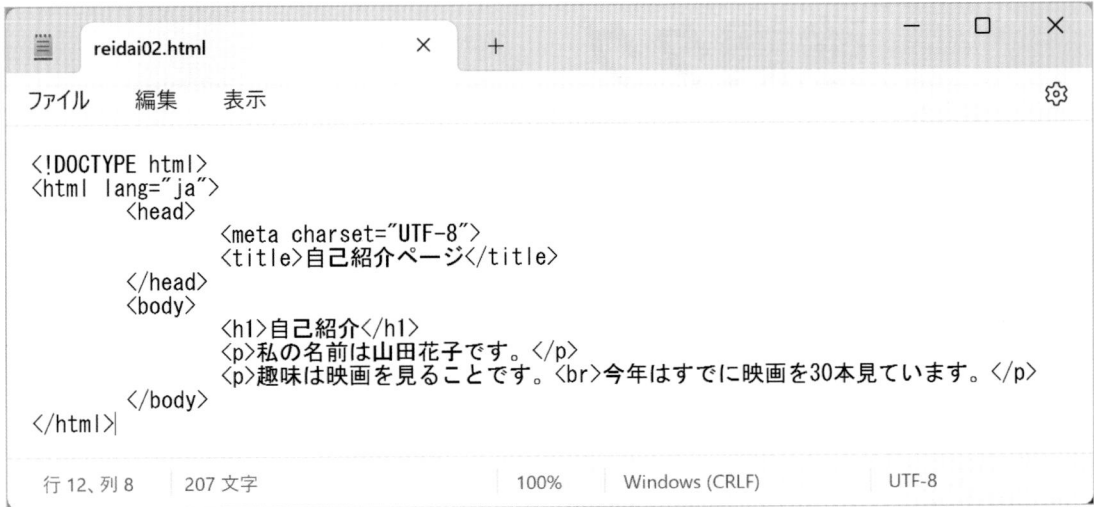

③ 変更したHTMLファイルを上書き保存する

④ 作成したHTMLファイルをブラウザで表示する

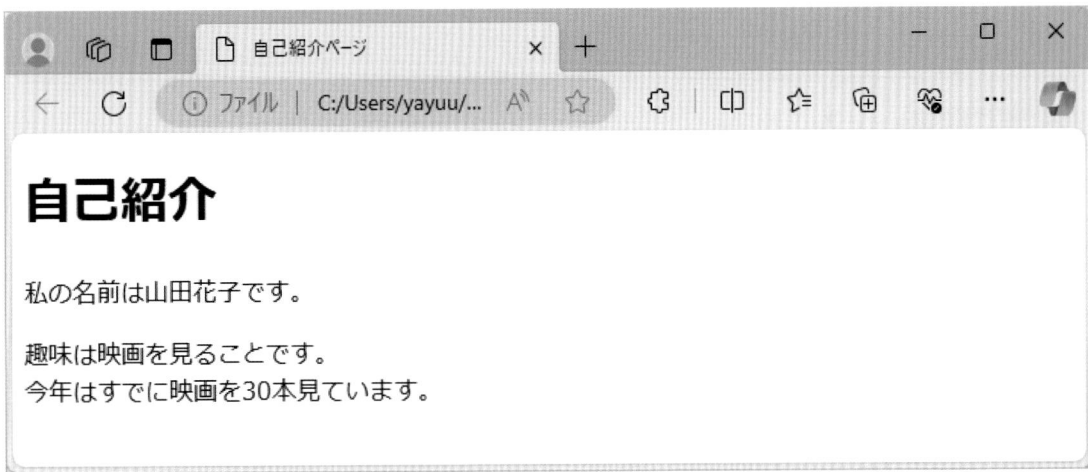

Lesson 3 強調タグ

学習のポイント
- ☑ テキストを強調するためのHTMLタグを学ぶ
- ☑ <em>と<strong>の違いを理解する

このレッスンでは、テキストの一部を強調するためのHTMLタグについて学びます。主な強調タグとしては、<em>（斜体で強調）と<strong>（太字で強調）があります。

タグ解説

<em>

テキスト内の強調すべき箇所を示す

サンプルソース

```
<p> 彼の名前は <em> 翔 </em> です。</p>
```

タグ解説

<strong>

特に重要なテキストやキーポイントを示す

サンプルソース

```
<p><strong> 重要なお知らせ :</strong> 決済端末の故障により、本日は現金のみのお取り扱い
となります。</p>
```

それでは、これらのタグを使ったサンプルで、タグの位置を確認してみましょう。

» **Lesson3 のサンプルソース**

```
<!DOCTYPE html>
<html lang="ja">
    <head>
        <meta charset="UTF-8">
        <title> 強調タグの例 </title>
    </head>
    <body>
        <p> これは <em> 強調 </em> されたテキストです。</p>
        <p> これは <strong> 非常に重要 </strong> なテキストです。</p>
    </body>
</html>
```

　<em>は斜体で表示されますが、Windowsで使用されている「メイリオ」など一部の日本語フォントでは斜体にならずに、通常の文字で表示されます。文字のスタイルを変更したい場合は、後のPARTで扱うCSSを使用します。

　<strong>は太字で表示されます。

　<em>は文中で注意を引くために使用し、<strong>は重要性を強調したいテキストに使用します。使いすぎると強調したい部分がわかりにくくなるため、必要な部分にのみ使用してください。

PART
3

Lesson 4 引用タグ

学習のポイント
- ☑ 他の資料やWebサイトからの引用を表示するHTMLタグを学ぶ
- ☑ インライン引用とブロックレベル引用の違いを理解する

このレッスンでは、他の資料やWebサイトからの引用を表示するためのHTMLタグについて学びます。主な引用タグとしては、<q>（インライン引用）と<blockquote>（ブロックレベル引用）があります。

タグ解説

<q>

短い引用文をマークアップするために使用する

タグ解説

<blockquote>

長い引用文やブロック引用をマークアップするために使用する

属性解説

cite

引用されたテキストの出典情報やソースのURLを提供する

それでは、これらのタグを使ったサンプルで、タグの位置を確認してみましょう。

» **Lesson4 のサンプルソース**

```
<!DOCTYPE html>
<html lang="ja">
    <head>
        <meta charset="UTF-8">
        <title> フルーツに関する引用 </title>
    </head>
    <body>
        <section>
            <h1> リンゴとオレンジについて </h1>
            <q> リンゴは「世界中で最も食べられている果物」です。</q>
            <blockquote cite="https://www.fruitfacts.com/apple">
                オレンジはビタミンＣの豊富な果物であり、<br>
                「毎日１つのオレンジは健康に良い」と言われています。
            </blockquote>
        </section>
    </body>
</html>
```

PART **3**

　<q>は短い引用文に使用します。<html lang="ja">（日本語）を設定している場合、「」が自動で追加されます。

　<blockquote>は長い引用文に使用します。このタグにはcite属性を用いて、引用元のURLを指定することができます。

　引用内容の信頼性と透明性を高めるため、引用タグを用いる際は、正確かつ適切な引用元の情報を提供するように心がけましょう。

例題
3

ブログ記事を作ってみよう

▶ 例題の目的

　HTMLの基本的なタグとセクションタグ、テキスト関連のタグを使用して、ブログ記事風のWebページを作成する。

》 reidai03.html の完成ソース

```
<!DOCTYPE html>
<html lang="ja">
    <head>
        <meta charset="UTF-8">
        <title> ブログ記事 </title>
    </head>
    <body>
        <h1> ブログタイトル </h1>
        <p><em>2023 年 10 月 18 日 </em></p>
        <h2> はじめに </h2>
        <p> このブログは、HTML の基本について解説します。</p>
        <h2>HTML とは </h2>
        <p>HTML は <em>HyperText Markup Language</em> の略であり、Web ページを作↲
成するための言語です。</p>
        <h2> 引用の例 </h2>
        <blockquote>
            "HTML はウェブの基本的な構造を作る。"
        </blockquote>
        <h2> まとめ </h2>
        <p> この記事では、HTML の基本について説明しました。</p>
    </body>
</html>
```

▶ ソースの注釈

　強調タグ<em>を使って特定のテキストを強調します。

　引用タグ<blockquote>を使って引用部分を表現します。

▶ 操作

1 HTMLファイルをコピーし、ファイル名を変更する

「reidai02.html」をコピーし、ファイル名を「reidai03.html」に変更します。

2 メモ帳でHTMLファイルを開き、ソースを変更する

「reidai03.htmlの完成ソース」を参考に、色文字になっている箇所を書き換えてください。

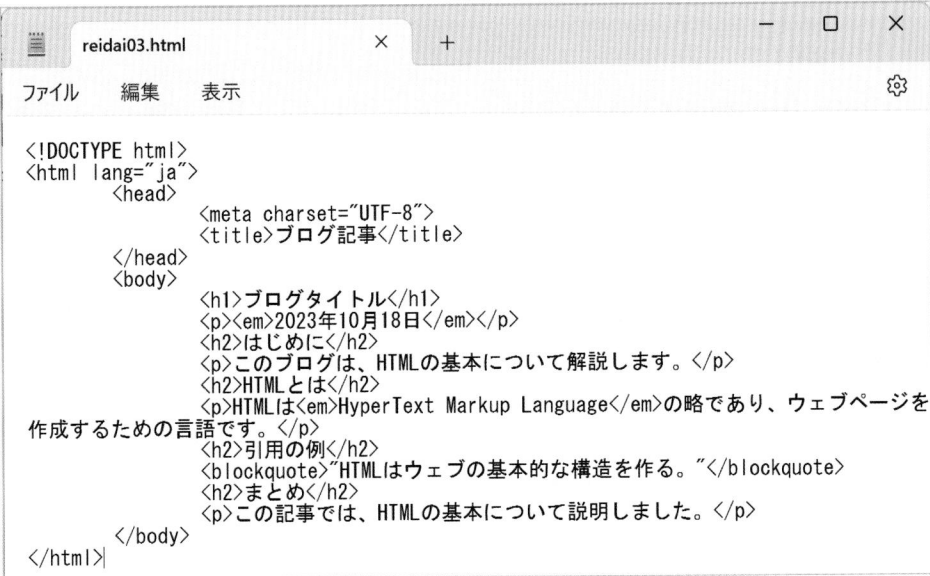

```
<!DOCTYPE html>
<html lang="ja">
        <head>
                <meta charset="UTF-8">
                <title>ブログ記事</title>
        </head>
        <body>
                <h1>ブログタイトル</h1>
                <p><em>2023年10月18日</em></p>
                <h2>はじめに</h2>
                <p>このブログは、HTMLの基本について解説します。</p>
                <h2>HTMLとは</h2>
                <p>HTMLは<em>HyperText Markup Language</em>の略であり、ウェブページを
作成するための言語です。</p>
                <h2>引用の例</h2>
                <blockquote>"HTMLはウェブの基本的な構造を作る。"</blockquote>
                <h2>まとめ</h2>
                <p>この記事では、HTMLの基本について説明しました。</p>
        </body>
</html>
```

3 変更したHTMLファイルを上書き保存する

4 作成したHTMLファイルをブラウザで表示する

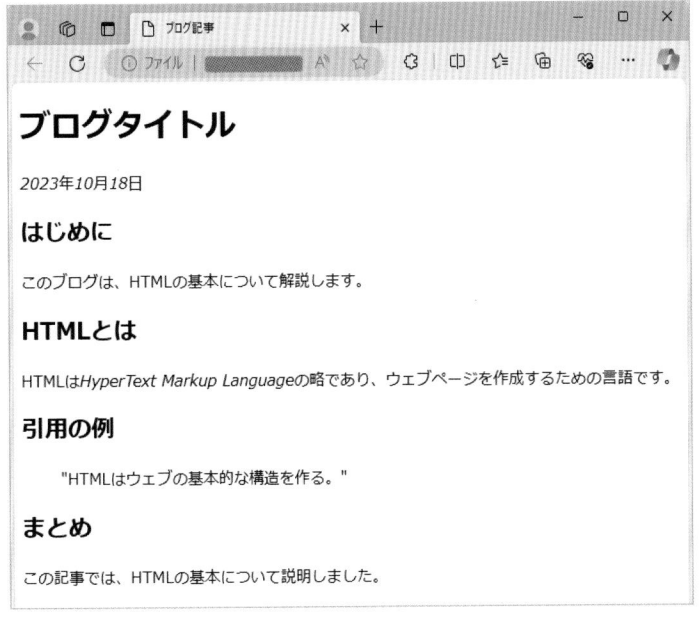

演習問題 11

自己紹介ページを作成する

ブラウザに次のように表示されるHTMLファイルを作成しなさい。

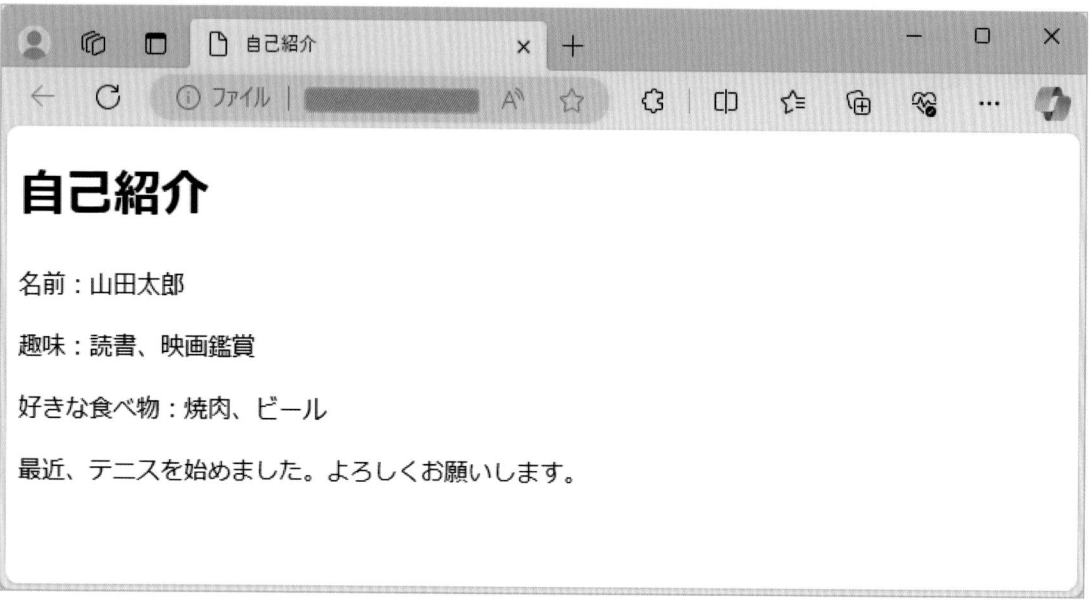

- <h1>で見出しを作成しましょう。
- <p>タグで自己紹介の文章を記述しましょう。

演習問題 12

ヘッダータグの適切な使い方を示す例を作成する

ブラウザに次のように表示されるHTMLファイルを作成しなさい。

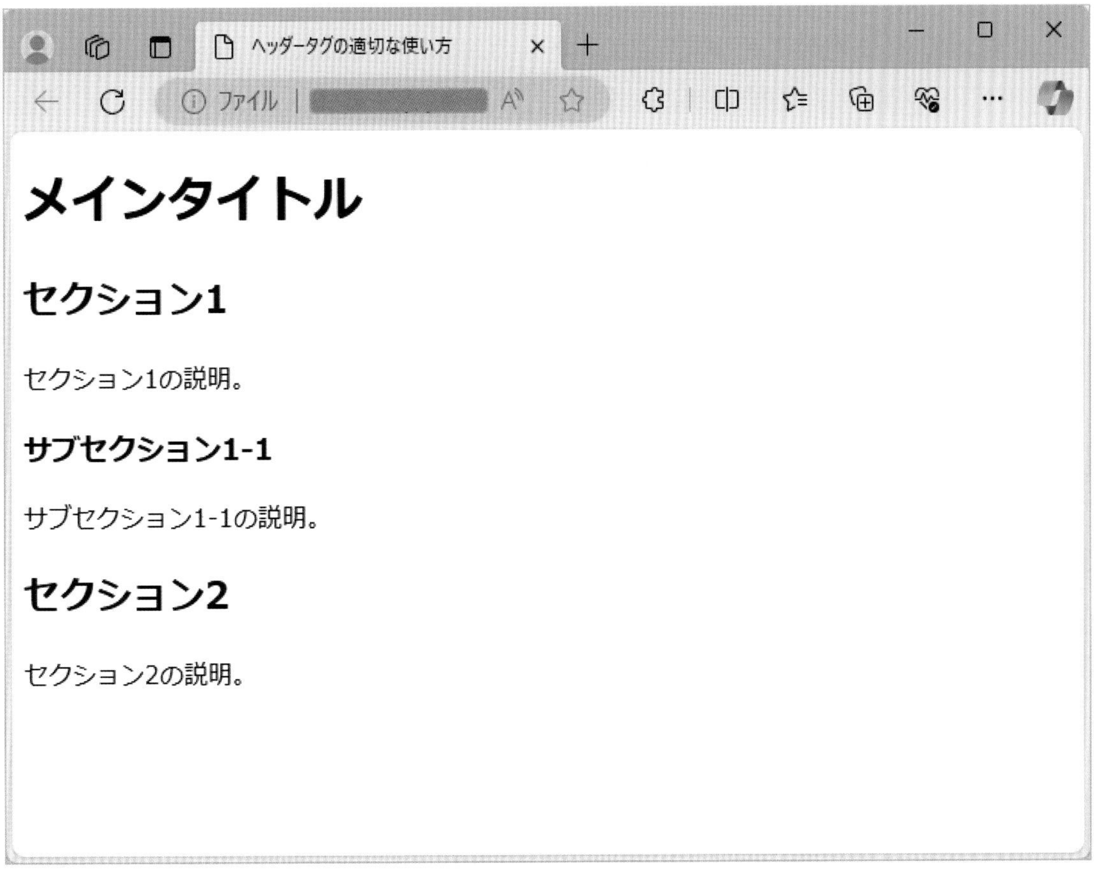

ヘッダータグの適切な使い方

ファイル |

メインタイトル

セクション1

セクション1の説明。

サブセクション1-1

サブセクション1-1の説明。

セクション2

セクション2の説明。

PART
3

 ヒント • 見出しである<h1>、<h2>、< h3 >を使用します。

演習問題 13

段落と改行タグを使用して、文章の形式を整える

ブラウザに次のように表示されるHTMLファイルを作成しなさい。

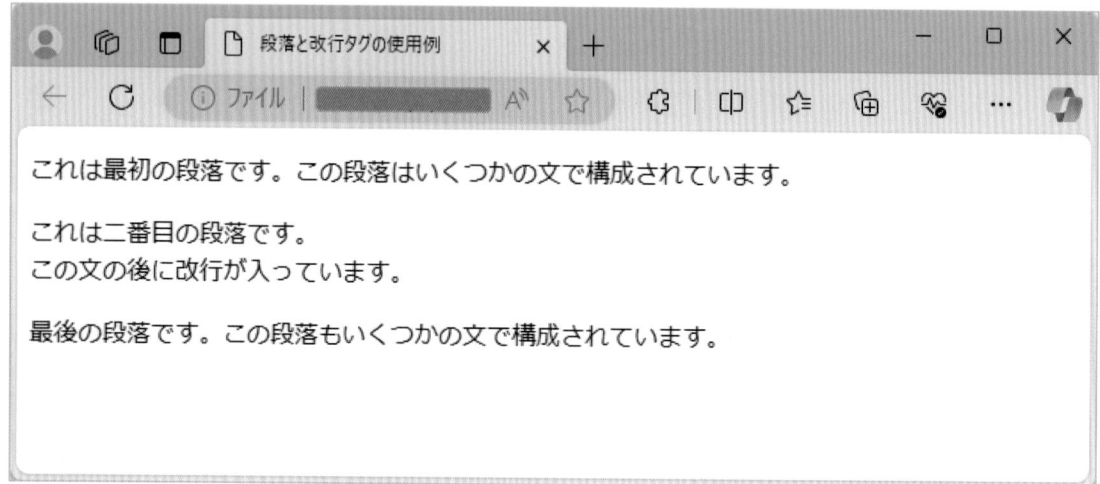

- \<p>タグで段落を作成しましょう。
- \
タグで改行をしましょう。

演習問題 14

複数の引用を含むブログ記事を作成する

ブラウザに次のように表示されるHTMLファイルを作成しなさい。

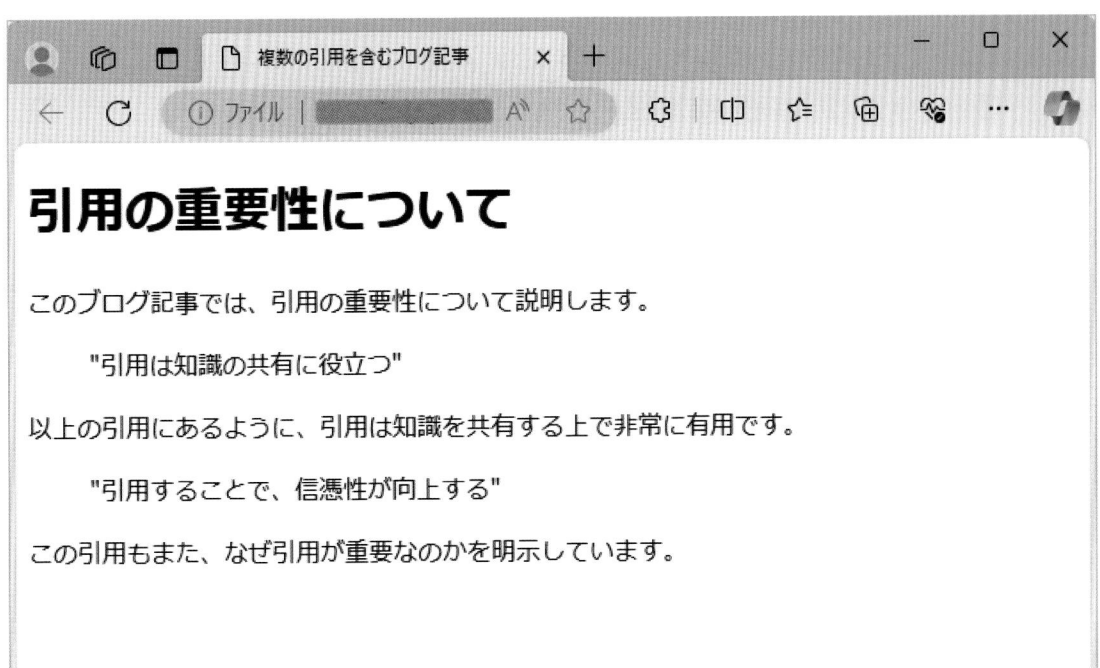

 ● <blockquote>タグを用いて引用しましょう。

演習問題 15

テキストを強調するタグを使用する

ブラウザに次のように表示されるHTMLファイルを作成しなさい。

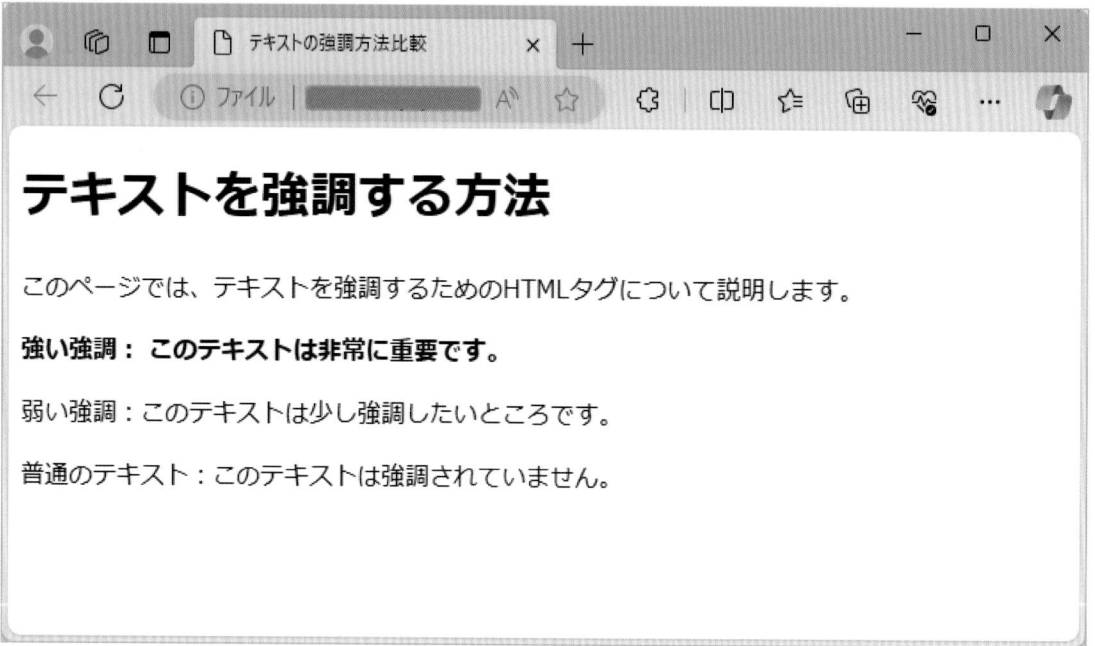

- <strong>タグと<em>タグを用いてテキストを強調しましょう。
- <strong>は太字で表示されます。

PART4

リンクと画像

学習の狙い

このパートでは、HTML文書を作成する上で重要なリンク（指定したページ、WebサイトのURL等）と画像データの扱い方について学びます。

ハイパーリンク

学習のポイント

☑ Webページ間でのリンクを作成する方法を学ぶ
☑ 絶対URLと相対URLの違いを理解する
☑ アンカーリンクについて知る

このレッスンでは、Webページ間、あるいは同一ページ内の異なるセクションへのリンクを作成するためのハイパーリンクについて学びます。ハイパーリンクは、<a>タグを使用して作成されます。これ以降、ハイパーリンクはリンクと表記します。

リンクは特別なものではなく、普段Webサイトを閲覧している際に、自然と利用している機能です。例えばYahoo! JAPANのトップページ（https://www.yahoo.co.jp/）を表示してみましょう。ショッピングやニュース、天気といったメニューが表示されています。この中で、ショッピングのテキストをクリックすると、トップページからショッピングのページへ遷移します。これは、トップページからショッピングページへリンクが指定されているからです。

タグ解説

<a>

ハイパーリンクを定義する

属性解説

href

リンク先のリソースの場所を指定する。リンク先は、外部Webページ、内部ページ、ファイル、画像、電子メールアドレス等がある

サンプルソース

```
<a href="https://www.example.com"> 外部へのリンク </a>
```

属性解説

id

要素に一意の識別子を与える

```
サンプルソース
<section id="section1">
〜中略〜
</section>
```

id属性は文書内で他の要素と区別するために使用されます。また、id 属性の値は、同じ文書内で重複してはいけません。この属性は後に学ぶCSSでのスタイルの適用や、JavaScript、アンカーリンクの対象となります。

それでは、<a>タグを使ったサンプルで、タグの位置を確認してみましょう。

» Lesson1 のサンプルソース

```
<!DOCTYPE html>
<html lang="ja">
    <head>
        <meta charset="UTF-8">
        <title> ハイパーリンクの例 </title>
    </head>
    <body>
        <h1> リンクについて </h1>
        <section id="section1">
            <h2> ページ外へのリンク </h2>
            <p><a href="https://example.com"> これは外部サイトへのリンクです。</a></p>
            <p><a href="page2.html"> これは同一サイト内の別ページへのリンクです。</a></p>
        </section>
        <section id="section2">
            <h2> ページ内へのリンク </h2>
            <p><a href="#section1"> これはページ内のセクションへのリンクです。</a></p>
        </section>
    </body>
</html>
```

サンプルソースではよく使用される3つのリンクを紹介しています。

- https://example.com：絶対URLを指定する例。
- page2.html：相対URLを指定する例。
- #section1：ページ内の特定のセクションへ飛ぶアンカーリンクの例。

絶対と相対については、次のLessonで取り扱います。

PART
4

例題 4 | 基本的なリンクの指定方法を覚えよう

▶ 例題の目的

HTMLで基本的なリンクを作成する方法を学びます。ただし、ここでは前に学んだHTMLの基本構造やテキスト関連のタグも活用します。

» reidai04.html の完成ソース

```
<!DOCTYPE html>
<html lang="ja">
    <head>
        <meta charset="UTF-8">
        <title> 基本的なリンクの作成 </title>
    </head>
    <body>
        <h1> 基本的なリンクの指定方法 </h1>
        <p> 以下は基本的なリンクの例です。</p>
        <p>OpenAI の公式ウェブサイトは <a href="https://www.openai.com/"> こちら ↲
</a> です。</p>
        <p> これは <strong> 非常に重要な </strong> 情報です。</p>
        <h2> 参考資料 </h2>
        <q> リンクはウェブの基本的な要素である。</q>
    </body>
</html>
```

▶ ソースの注釈

<a href="https://〜">で絶対URLを「こちら」という文字に指定しています。

前回のPARTで学んだ2つのタグを使用しています。

強調タグ<strong>を使用して、特定のテキストを強調します。

引用タグ<q>を使用して、引用部分を表します。

▶ 操作

1 HTMLファイルをコピーし、ファイル名を変更する

「reidai03html」をコピーし、ファイル名を「reidai04.html」に変更します。

2 メモ帳でHTMLファイルを開き、ソースを変更する

「reidai04.htmlの完成ソース」を参考に、色文字になっている箇所を書き換えてください。

実際にメモ帳で作成したソース

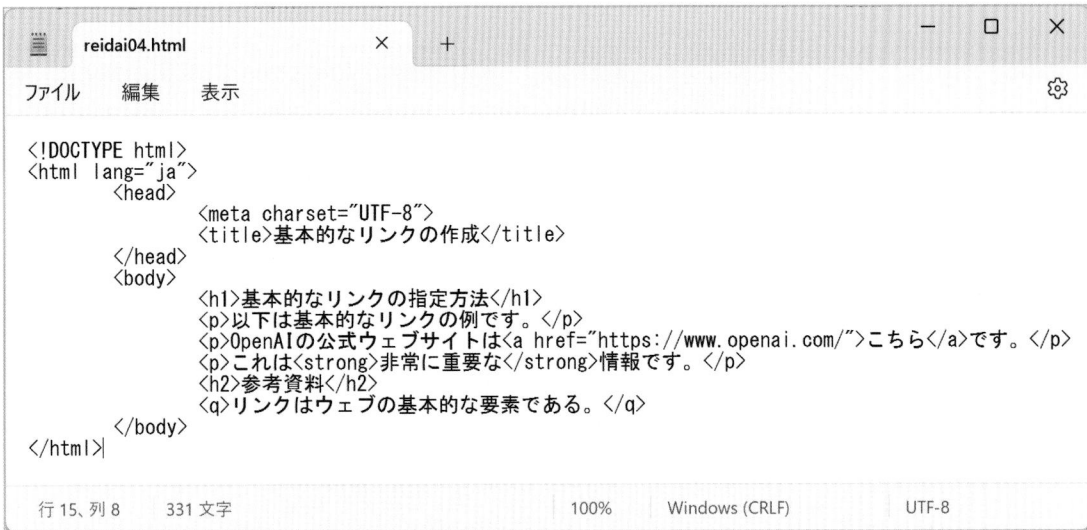

3 変更したHTMLファイルを上書き保存する

4 作成したHTMLファイルをブラウザで表示する

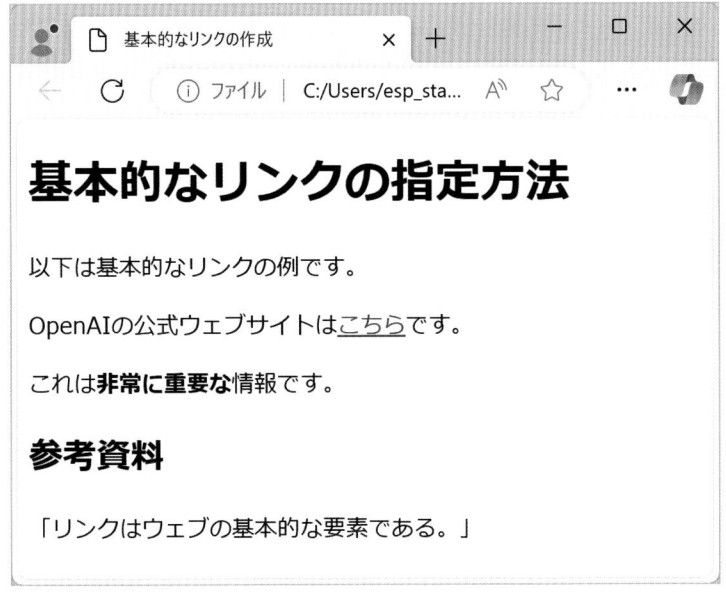

相対リンクと絶対リンク

学習のポイント

☑ 相対リンクと絶対リンクの違いを理解する

☑ 相対リンクと絶対リンクの適切な使用方法を理解する

　このレッスンでは、<a>タグで使用される絶対リンクと相対リンクの違いについて詳しく学びます。絶対リンクはhttps://からはじまる完全なURLを指定しますが、相対リンクは現在のページに対する相対的なパスを指定します。

　「パス」とは、ファイルやフォルダーがどこにあるかを示す文字列です。

- 絶対パスの例：<a href="https://www.yahoo.co.jp/">yahooへのリンク</a>
- 相対パスの例：<a href="reidai04.html">例題04へのリンク</a>

絶対リンクを理解する際に役立つ、ドメインについて解説します。

　ドメインは、インターネット上で識別される一意の名前を指します。通常、Webサイトやメールサーバーなどを特定するために使用されます。具体的には、Webサイトのアドレス（URL）やメールアドレスの一部に使用されています。

　Yahoo! Japanを例にすると、https://www.yahoo.co.jp/のうちyahoo.co.jpがドメインとなり、このサイトがYahoo! Japanであることを特定する役割を果たしています。

　ドメインは、DNS（Domain Name System）と呼ばれる仕組みを通じて、人が理解しやすい形式のドメイン名（例：yahoo.co.jp）を、コンピュータが理解しやすいIPアドレス（例：198.167.1.1）に変換する役割を果たします。これにより、ユーザーは覚えやすいドメイン名でWebサイトを識別し、実際の通信ではIPアドレスが使用されます。

　続いて、相対パスについて詳しく見ていきましょう。

　今までreidai01.htmlからreidai04.htmlまでを作成しました。これらのファイルは全て「myhtml」フォルダーの同階層に入っています。この場合、例えばreidai01.htmlにreidai04.htmlのリンクを加えたい場合の記述例は<a href="reidai04.html">例題04へのリンク</a>となります。このように、同階層のファイルを指定する場合は、ファイル名を記述します。

　では、同階層ではないファイルにリンクしたい場合についても見ていきましょう。

　基準となるファイルから階層をあがる場合、相対パスでは../と記述します。../につき1階層上にあがります。階層が上にあがるごとに、../はひとつずつ増えていきます。また、階層が下がる場合は、◎◎/△△/のように各フォルダーの名前を記述します。

それでは、これらの絶対リンクと相対リンクを使ったサンプルで、記述内容を確認してみましょう。

» Lesson2 のサンプルソース

```
<!DOCTYPE html>
<html lang="ja">
    <head>
        <meta charset="UTF-8">
        <title> 相対リンクと絶対リンクの例 </title>
    </head>
    <body>
        <p><a href="https://example.com/page.html"> これは絶対リンクです。ドメインが
異なるページへの指定によく使われます </a></p>                                 ❶
        <p><a href="/folder/page.html"> これも絶対リンクです。ドメインが同一のファイ
ルの場合、ドメインは省略することができます。</a></p>                          ❷
        <p><a href="page.html"> これは相対リンクです。同階層のページへの指定です。</
a></p>                                                                    ❸
        <p><a href="../page.html"> これも相対リンクです。ひとつ上の階層のページへの指
定です。</a></p>                                                           ❹
        <p><a href="../test/page.html"> これも相対リンクです。ひとつ上の階層にある
test フォルダーの中にあるページへの指定です。</a></p>                         ❺
    </body>
</html>
```

PART
4

　このサンプルソースでは https://example.com/ という架空のドメインのWebサイト内のlink.html
というページから、サイト内のその他ページへのリンクを指定しています。

　サンプルソースで指定しているリンクの各ファイルの階層については、以下の図で確認してください。

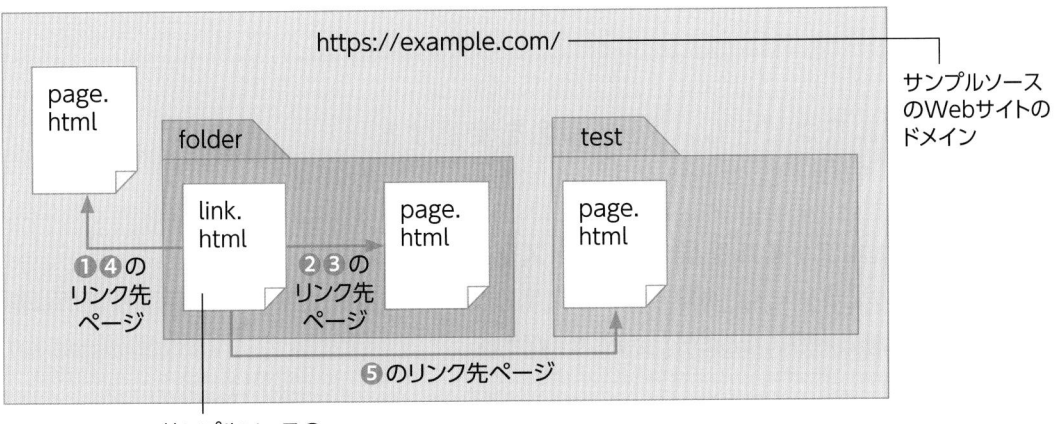

例題 5 相対リンクと絶対リンクについて理解しよう

▶ 例題の目的

相対リンクと絶対リンクの違いを理解し、実際にHTMLファイルで使ってみる。

» reidai05.html の完成ソース

```
<!DOCTYPE html>
<html lang="ja">
    <head>
        <meta charset="UTF-8">
        <title> 相対リンクと絶対リンク </title>
    </head>
    <body>
        <h1> 相対リンクと絶対リンクについて </h1>
        <p> 以下は <em> 相対リンク </em> の例です。</p>
        <p><a href="reidai04.html"> 同じディレクトリ内の reidai04.html へ </a></p>
        <p> 以下は <em> 絶対リンク </em> の例です </p>
        <p><a href="https://www.openai.com/">OpenAI の公式サイトへ </a></p>
    </body>
</html>
```

▶ ソースの注釈

同階層にあるreidai04.htmlへは相対リンク、ドメインが同一ではない外部のWebページである OpenAIの公式サイトへは絶対リンクで指定しています。

▶ 操作

① HTMLファイルをコピーし、ファイル名を変更する

「reidai04.html」をコピーし、ファイル名を「reidai05.html」に変更します。

② メモ帳でHTMLファイルを開き、ソースを変更する

「reidai05.htmlの完成ソース」を参考に、色文字になっている箇所を書き換え、不要な箇所は削除し、完成ソースと同じ内容になるように変更してください。

実際にメモ帳で作成したソース

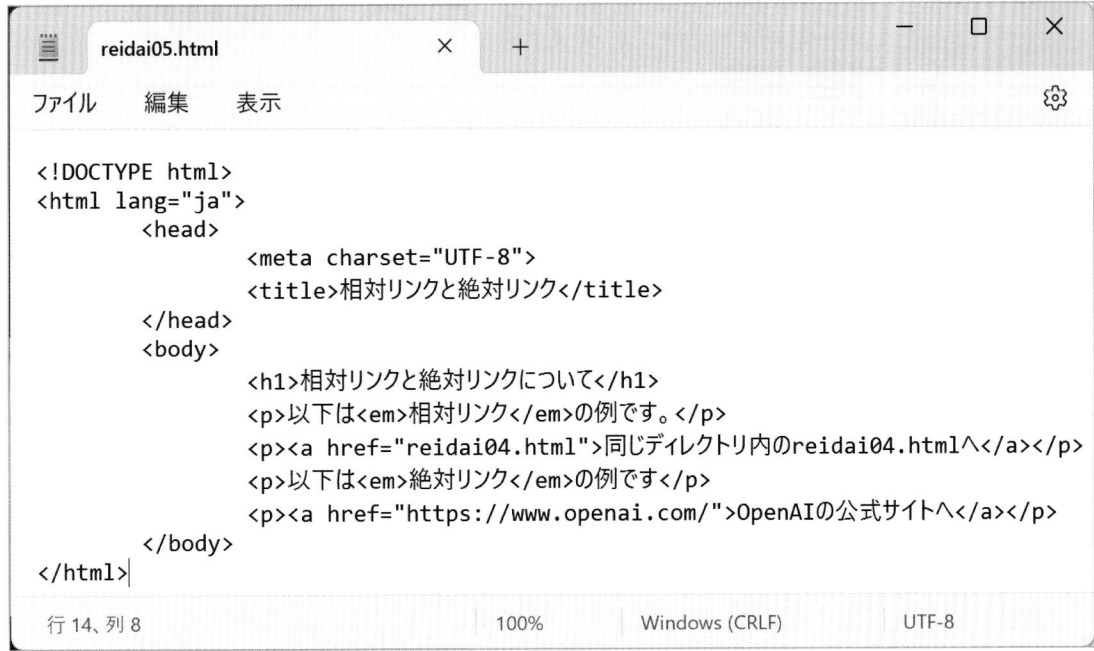

```
reidai05.html                    ×    +

ファイル    編集    表示

<!DOCTYPE html>
<html lang="ja">
        <head>
                <meta charset="UTF-8">
                <title>相対リンクと絶対リンク</title>
        </head>
        <body>
                <h1>相対リンクと絶対リンクについて</h1>
                <p>以下は<em>相対リンク</em>の例です。</p>
                <p><a href="reidai04.html">同じディレクトリ内のreidai04.htmlへ</a></p>
                <p>以下は<em>絶対リンク</em>の例です</p>
                <p><a href="https://www.openai.com/">OpenAIの公式サイトへ</a></p>
        </body>
</html>

行 14、列 8                        100%      Windows (CRLF)        UTF-8
```

③ 変更したHTMLファイルを上書き保存する

④ 作成したHTMLファイルをブラウザで表示する

画像を利用するための準備

学習のポイント
- ☑ WEBサイトで使用できる画像の種類について覚える
- ☑ 画像ファイルを格納するフォルダーを作成する

　このレッスンでは、Webページで使用可能な画像ファイルの種類について学びます。また、これからのLessonでは画像を使用することが増えるので、画像ファイルを格納するフォルダーを作成します。

　まずは画像ファイルの種類から見ていきましょう。主に使用される画像フォーマットには、JPEG、PNG、GIF、SVGなどがあります。それぞれの特徴は以下となります。

JPEG（Joint Photographic Experts Group）
フルカラーを扱うことができます。写真など色数の多い画像に適しています。

PNG（Portable Network Graphics）
GIFを拡張した形式で、フルカラーを扱うことができます。また複数の色を透明にすることができます。

GIF（Graphics Interchange Format）
256色以下の画像を扱うことができ、イラストやグラフ、ボタンなどの画像に適しています。また、特定色を透明にできるので、背景を透過にして使用できます。

SVG（Scalable Vector Graphics）
ベクター形式の画像。拡大、縮小をしてもぼやけぶにくっきりと表示されるのが特徴です。

　それでは、現在htmlファイルを保存している[myhtml]フォルダーの中に画像ファイルを格納する[image]フォルダーを作成しましょう。

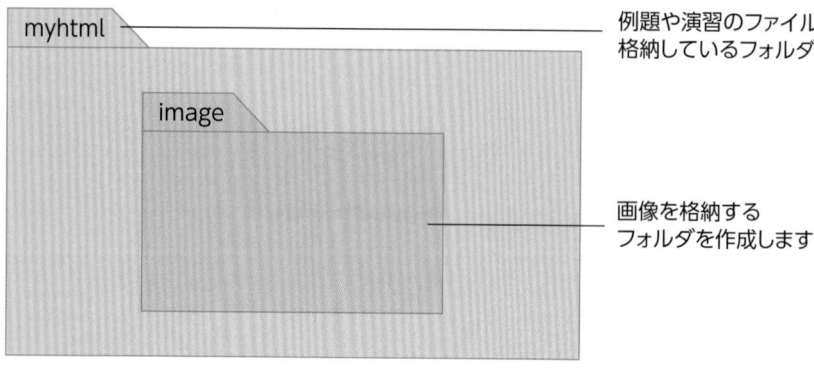

myhtml ―― 例題や演習のファイルを格納しているフォルダ

image ―― 画像を格納するフォルダを作成します

▶ フォルダー [image]の作成方法

① 新しいフォルダーを作成する

② フォルダー名を[image]にする

フォルダーを作成すると、そのまま文字が入力できるようになっていますので、ここでは[image]として
ください。

③ 新しいフォルダーを確認する

作った[image]フォルダーをダブルクリックして開いてみましょう。

画像ファイルを用意する

Lesson 4

学習のポイント

☑ 画像ファイルを準備する方法について理解する
☑ 本書で利用する画像ファイルをWebページから取得する

このレッスンでは、表示させるための画像ファイルを用意します。画像ファイルを作成・準備するには、以下のような方法があります。

1. スマートフォンやデジタルカメラで撮影する
2. 写真や絵などをスキャナーで取り込む
3. 画像作成ソフトを使って作成する
4. フォトライブラリー等の画像を利用する（※商用利用には別途ライセンスが必要な場合もあります）

画像ファイルはLesson3で学んだ、4種類のファイル形式のいずれかに、多くのブラウザが対応しています。画像ファイルの形式が異なる場合には、画像処理ソフトや変換ソフトを使用します。その際に、ファイルサイズは見た目を損なわない範囲で最小になるようにしましょう。なぜなら、ファイルサイズが大きい画像がたくさん並んでいた場合、ユーザーのアクセス環境によっては、ページの表示に時間がかかることがあるからです。

本書では4種類の画像形式の中からGIF、JPEG、PNGを使用します。

Lesson4ではひとつの画像ファイルを使用します。6ページに記載された本書サポートページのWebサイトから、サンプルデータをダウンロードしてご利用ください。ダウンロード後、適宜解凍してください。

解凍後、html_sampledataというフォルダができます。ダブルクリックで開き、imageフォルダを開くと、中にcat.jpgがあります。今回はこの画像を使用するので、コピーし先程作成したmyhtmlフォルダ内のimageフォルダに入れてください。

1 ファイル名「cat.jpg」

2 [image]フォルダの中

Lesson 5 画像の表示

学習のポイント
☑ HTMLで画像を表示する基本的な方法を学ぶ
☑ <img>タグの属性について理解する

　このレッスンでは、HTMLで画像を表示する方法について学びます。主に<img>タグを使用し、その各種属性についても解説します。

タグ解説

<img>
文書内に画像を配置する

属性解説

src
img要素で必須になる属性。画像ファイルのURLを指定する

width, height
イメージの横幅、縦幅を指定する。単位はピクセル

alt
イメージが表示されない場合に、その内容が正しく伝わるために指定するテキスト

サンプルソース
```
<img src="image/image.jpg" width="120" height="120" alt="右から白、赤、黄のチューリップが並んでいる">
```

タグ解説

<!-- -->
文書の構造や要素に関する説明やメモを追加するために使用される、特殊な要素

サンプルソース
```
<!-- これは HTML のコメントです -->
```

文字の部分は自由に変更することができます。コメント内に書いた文章は、ブラウザには表示されません。

PART 4

　img要素は、src属性と必ずセットになっています。属性解説内のサンプルソースのマークアップ例では、imageフォルダー内にあるimage.jpgを指定しています。さらに、その画像がどのような画像であるかを、alt属性で説明しています。alt属性の目的は、画像が表示されない場合に、コンテンツの内容を正しく伝えることです。alt属性にいれるテキストは、その画像が見えない相手に対して、言葉だけで画像の内容を伝えることを想定して書きましょう。

　また、alt属性を適切に設定することで、アクセシビリティを高めます。さらに、検索エンジン最適化（SEO）にも影響があるため、設定漏れがないようにしましょう。

　画像を作成する際は、ファイルサイズや形式に注意し、ユーザービリティに影響が出ないようにします。

例題 6 写真を表示してみよう

▶ 例題の目的

img要素と関連する属性を使用して、画像を表示するhtmlを作成する。

» reidai06.html の完成ソース

```
<!DOCTYPE html>
<html lang="ja">
    <head>
        <meta charset="UTF-8">
        <title> 画像の表示例 </title>
    </head>
    <body>
        <h1> 画像の表示方法 </h1>
        <p> 画像を表示するには、img 要素とその属性を使用します。</p>
<img src="image/cat.jpg" alt=" くつろいでいる猫 " width="300" 
height="200">
        <p>alt 属性には「くつろいでいる猫」を指定しています。</p>
    </body>
</html>
```

▶ ソースの注釈

img要素に4つの属性（src、alt、width、height）を指定しています。
alt属性に画像が見えない場合も理解できる説明を書いています。

▶ 操作

1 HTMLファイルをコピーし、ファイル名を変更する

「reidai05.html」をコピーし、ファイル名を「reidai06.html」に変更します。

2 メモ帳でHTMLファイルを開き、ソースを変更する

「reidai06.htmlの完成ソース」を参考に、色文字になっている箇所を書き換え、不要な箇所は削除し、完成ソースと同じ内容になるように変更してください。

PART 4

実際にメモ帳で作成したソース

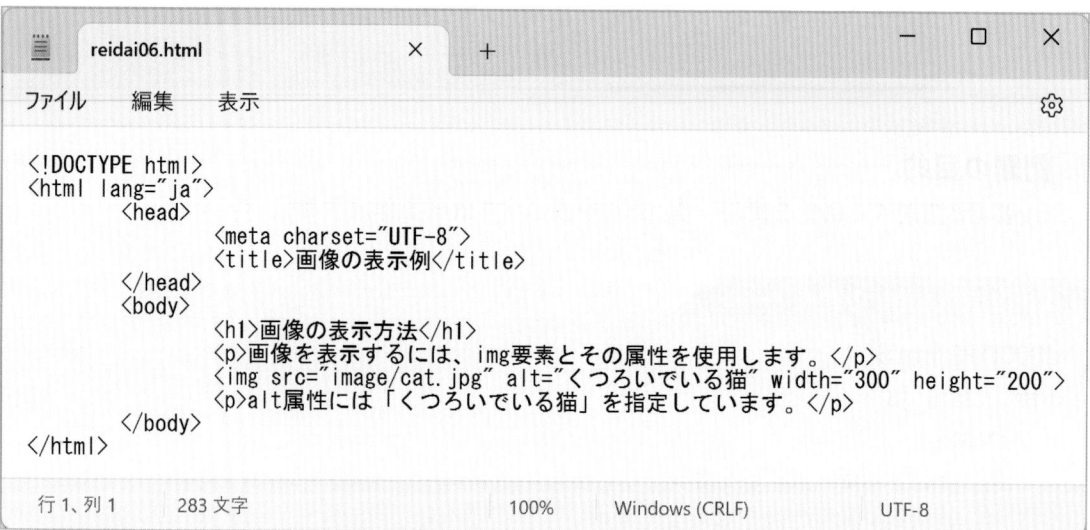

3 変更したHTMLファイルを上書き保存する

4 作成したHTMLファイルをブラウザで表示する

演習問題 16

自分のお気に入りのWebサイトへのリンクを含むページを作成する

ブラウザに次のように表示されるHTMLファイルを作成しなさい。

※サイト名とリンクのURLは自分が気に入っているWebサイトのものにしましょう。

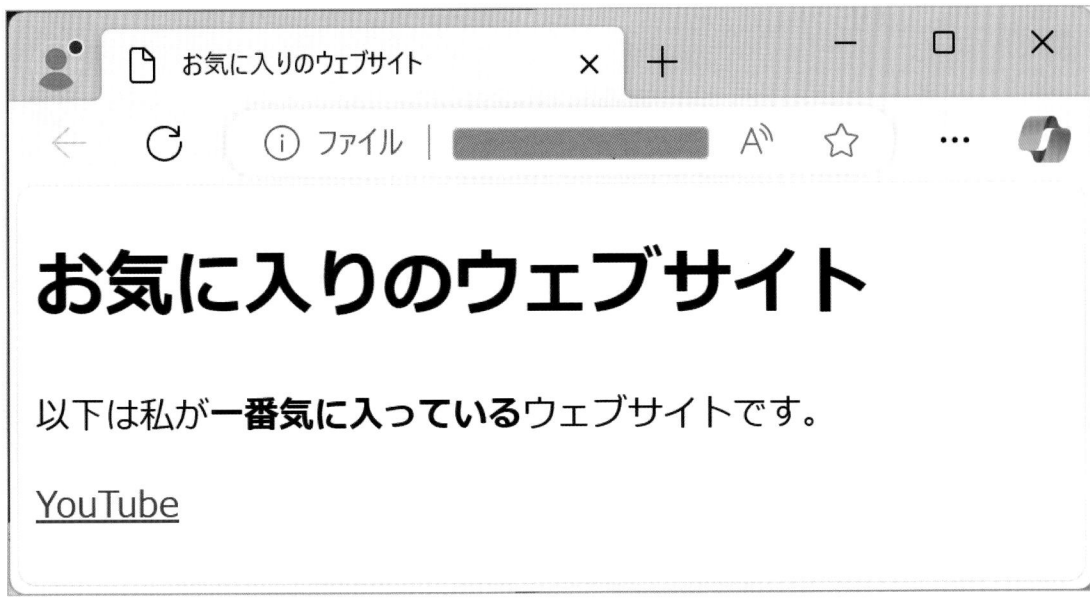

- <h1>で見出しを作成しましょう。
- <strong>タグで「一番気に入っている」を強調しましょう。
- <a>タグでサイトへのリンクを作成しましょう。

演習問題 **17**

相対リンクと絶対リンクを作成する

ブラウザに次のように表示されるHTMLファイルを作成しなさい。

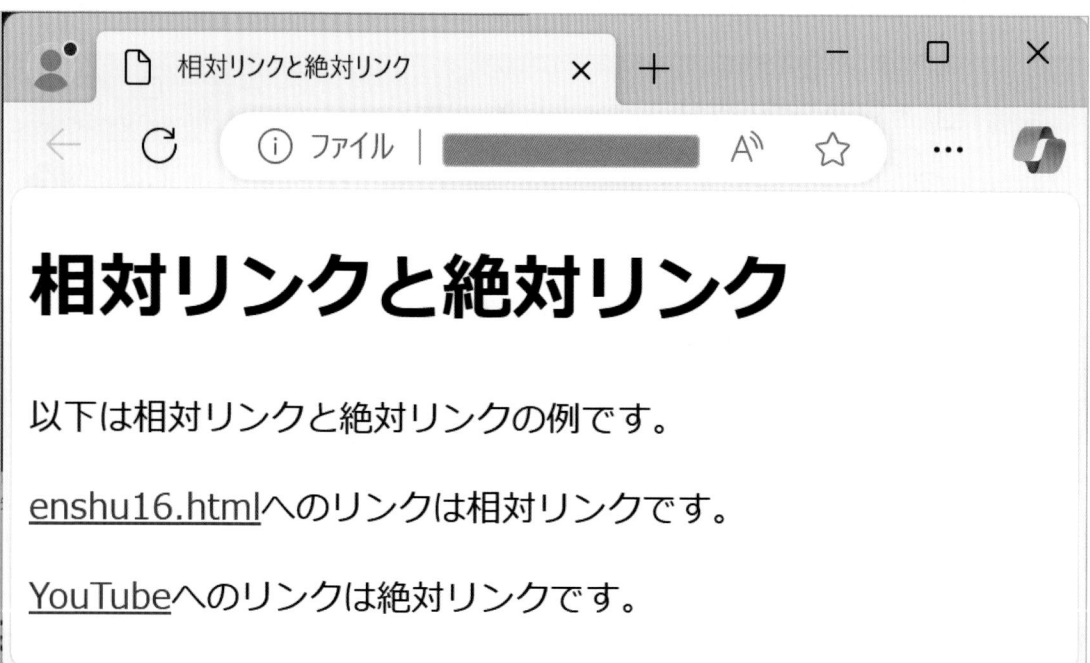

- 見出しである<h1>を使用します。
- <a>タグを使用して、相対リンクにはenshu16.htmlを指定しましょう
- <a>タグを使用して、絶対リンクにはhttps://からはじまるYouTubeのURLを指定しましょう。

演習問題 18

異なる種類の画像形式（jpeg、png、gif）を
ページにのせる

ブラウザに次のように表示されるHTMLファイルを作成しなさい。

- 画像は、html_sampledata/ensyu/image/から、cat.jpg、dog.png、illust.gif をmyhtml/enshu/image/フォルダの中にコピーして使用してください。
- 画像を指定する<img>タグの前に何の画像形式であるか、コメントをいれましょう。
- alt属性を指定しましょう。

演習問題 19

画像ファイルを削除して、altテキストが実際にどのように表示されるかを確認する

ブラウザに次のように表示されるHTMLファイルを作成しなさい。

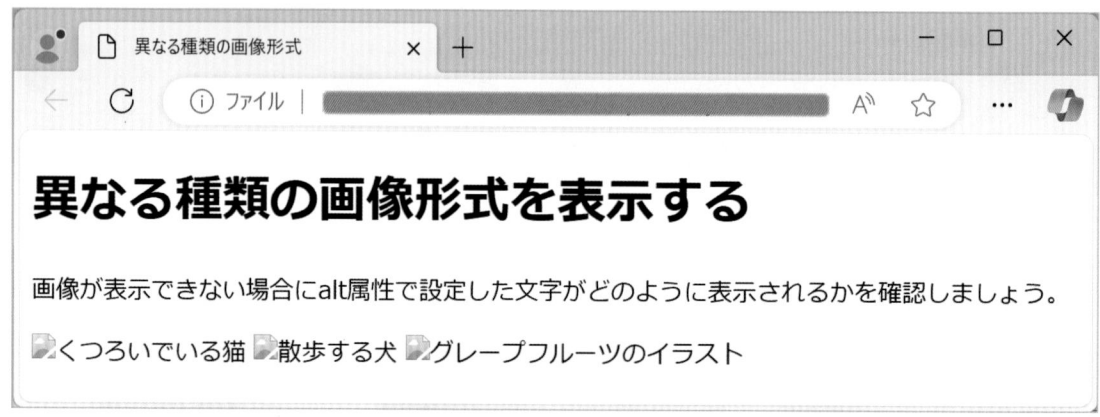

 ・ 先程imageにコピーした画像はimage/フォルダを指定していましたが、ここでは存在しないimage2フォルダを指定してください。

演習問題 20

画像とテキストでリンクを作成する

ブラウザに次のように表示されるHTMLファイルを作成しなさい。

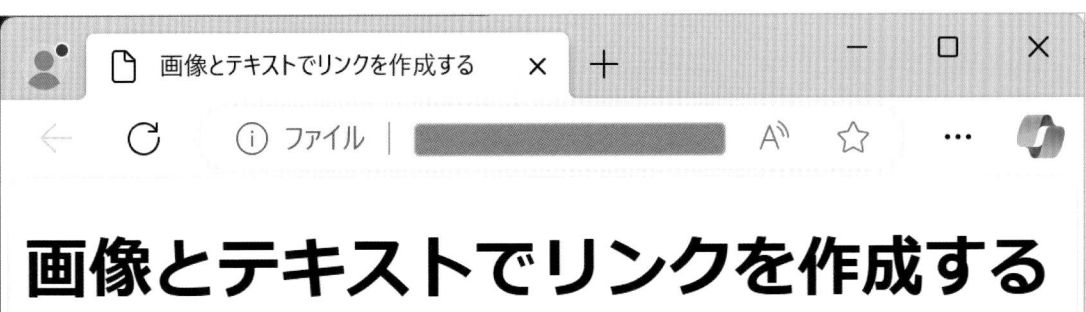

ヒント
- 各リンクの上に、コメントをいれましょう。
- 画像にリンクを設定する場合、文字列の場合と同様に<a>タグ内に<img>タグを指定してください。

PART 5

リストの作成

学習の狙い

このパートでは、HTML文書内で使用頻度の高い、リストの作成について学びます。リストには様々な種類があることを各Lessonを通して見ていきます。

Lesson 1 順序付きリスト

☑ 順序付きリスト(Ordered List)の基本的な作成方法を学ぶ
☑ <ol>と<li>タグの使い方を理解する

このレッスンでは、HTMLで順序付きリストを作成する方法について学びます。主に<ol>（Ordered List）タグと、その中に含まれる<li>（List Item）タグを使用します。

例えば以下のように、手順や順番が重要な情報を表示するリストの場合に<ol>タグを使用します。

例 私がこの店で好きなドリンクベスト3

1. エスプレッソ
2. バナナミルク
3. ハーブティー

タグ解説

<ol>

順序付きリスト（Ordered List）を作成する

<li>

順序付きリスト内の各項目を記述する

属性解説

type

リストアイテムのマーカー（数字）のスタイルを変更する。どのように変更するかを値で指定する

1. **type="1"（デフォルト）** 通常の数字 (1, 2, 3...)
2. **type="A"** 大文字のアルファベット (A, B, C...)
3. **type="a"** 小文字のアルファベット (a, b, c...)
4. **type="I"** 大文字のローマ数字 (I, II, III...)
5. **type="i"** 小文字のローマ数字 (i, ii, iii...)

start

リストの開始値を指定する

それでは、<ol>と<li>タグを使ったサンプルで、タグの位置を確認してみましょう。

» Lesson1 のサンプルソース

```
<!DOCTYPE html>
<html lang="ja">
    <head>
        <meta charset="UTF-8">
        <title> 順序付きリストの例 </title>
    </head>
    <body>
        <h1> 順序付きリスト </h1>
        <p> 私がこの店で好きなドリンクベスト 3</p>
        <ol>
            <li> エスプレッソ </li>
            <li> バナナミルク </li>
            <li> ハーブティー </li>
        </ol>
        <p> 私がこの店で好きなドリンクベスト ⅲ </p>
        <ol type="i">
            <li> エスプレッソ </li>
            <li> バナナミルク </li>
            <li> ハーブティー </li>
        </ol>
    </body>
</html>
```

PART 5

<ol>タグで順序付きリストを作成します。

リストの内容は<ol>とセットで使用する<li>で指定します。

type属性を指定しない場合、デフォルトで通常の数字で表示されます。

start属性を使用した場合、値に指定した形式で表示されます。サンプルソースではstart属性の値にiを指定したので、小文字のローマ数字で表示されます。

例題 **7** レシピを作ってみよう

▶ **例題の目的**

HTMLの<ol>（Ordered List）と<li>（List Item）タグを使用して、レシピの手順を順序付きで表示する。

» reidai07.html の完成ソース

```
<!DOCTYPE html>
<html lang="ja">
    <head>
        <meta charset="UTF-8">
        <title> レシピを作ってみよう </title>
    </head>
    <body>
        <h1> シンプルなカレーレシピ </h1>
        <ol>
            <li> 材料を用意する </li>
            <li> 玉ねぎを炒める </li>
            <li> 肉を加えて炒める </li>
            <li> スパイスを加える </li>
            <li> トマト缶と水を加える </li>
            <li> 煮込む </li>
            <li> 盛り付けて完成 </li>
        </ol>
        <p> おいしいカレーが完成です！ </p>
    </body>
</html>
```

▶ **ソースの注釈**

<ol>タグに属性を指定していないので、デフォルトの表示である数字でリストアイテムが表示されます。

<li>タグで各手順を列挙します。

▶ **操作**

1 **HTMLファイルをコピーし、ファイル名を変更する**

「reidai06.html」をコピーし、ファイル名を「reidai07.html」に変更します。

2 メモ帳でHTMLファイルを開き、ソースを変更する

「reidai07.htmlの完成ソース」を参考に、色文字になっている箇所を書き換え、不要な箇所は削除し、完成ソースと同じ内容になるように変更してください。

実際にメモ帳で作成したソース

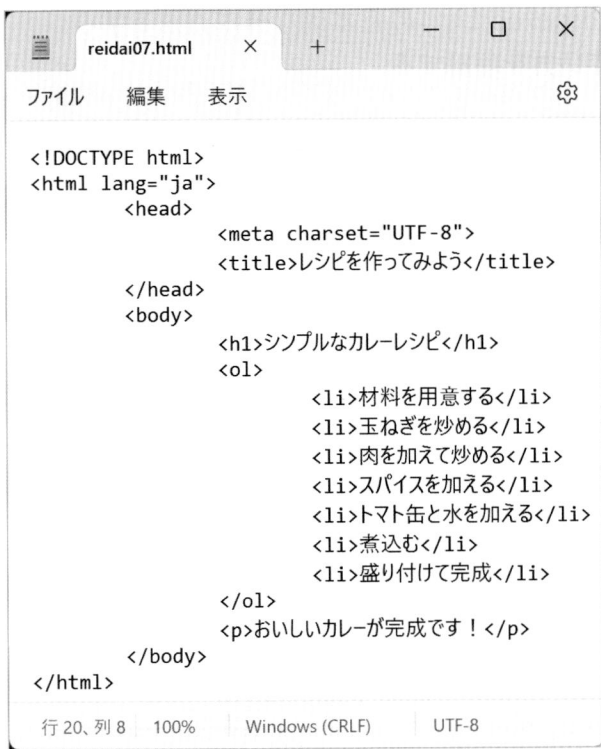

3 変更したHTMLファイルを上書き保存する

4 作成したHTMLファイルをブラウザで表示する

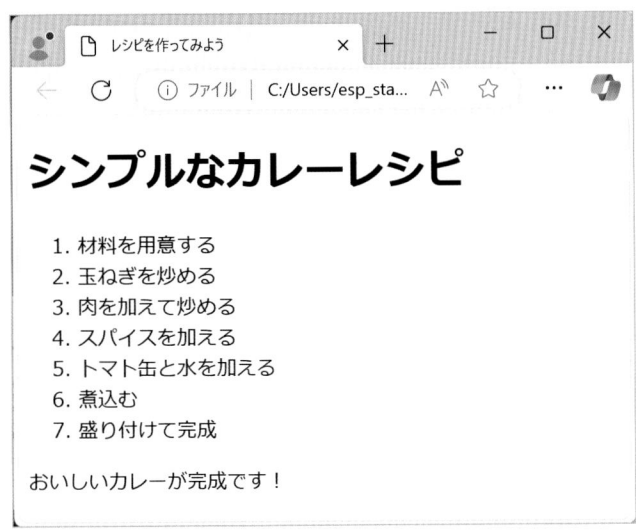

Lesson 2 順序なしリスト

学習のポイント
- ☑ 順序なしリスト（Unordered List）の基本的な作成方法を学ぶ
- ☑ <ul>と<li>タグの使い方を理解する

　このレッスンでは、HTMLで順序なしリストを作成する方法について学びます。主に<ul>（Unordered List）タグと、その中に含まれる<li>（List Item）タグを使用します。

　例えば以下のように、順番をつけることが重要ではない項目を一覧で表示する際に使用します。デフォルトでは、各項目の前には黒い点（bullet）が表示されます。<ol>タグのようなマーカーを変更する属性はありませんが、後に学ぶCSSを使用すると表示をカスタマイズすることが可能です。

例 私がこの店で注文したことがあるドリンク

- エスプレッソ
- バナナミルク
- ハーブティー

タグ解説

<ul>
順序なしリスト（Unordered List）を作成する

　それでは、<ul>と<li>タグを使ったサンプルで、タグの位置を確認してみましょう。

電脳会議
DENNOUKAIGI

紙面版 **一切無料**

今が旬の書籍情報を満載して
お送りします！

『電脳会議』は、年6回刊行の無料情報誌です。2023年10月発行のVol.221よりリニューアルし、A4判・32頁カラーとボリュームアップ。弊社発行の新刊・近刊書籍や、注目の書籍を担当編集者自らが紹介しています。今後は図書目録はなくなり、『電脳会議』上で弊社書籍ラインナップや最新情報などをご紹介していきます。新しくなった『電脳会議』にご期待下さい。

大幅
増ページで
**ボリューム
アップ！**

◆ 電子書籍・雑誌を読んでみよう！

技術評論社　GDP	検索

で検索、もしくは左のQRコード・下の
URLからアクセスできます。

https://gihyo.jp/dp

1 アカウントを登録後、ログインします。
【外部サービス(Google、Facebook、Yahoo!JAPAN)
　でもログイン可能】

2 ラインナップは入門書から専門書、
趣味書まで 3,500点以上！

3 購入したい書籍を 🛒 カート に入れます。

4 お支払いは「**PayPal**」にて決済します。

5 さあ、電子書籍の
読書スタートです！

```
<!DOCTYPE html>
<html lang="ja">
    <head>
        <meta charset="UTF-8">
        <title> 順序なしリストの例 </title>
    </head>
    <body>
        <h1> 順序なしリスト </h1>
        <p> 私がこの店で注文したことがあるドリンク </p>
        <ul>
            <li> エスプレッソ </li>
            <li> バナナミルク </li>
            <li> ハーブティー </li>
        </ul>
    </body>
</html>
```

<ul>タグで順序なしリストを作成します。<li>タグをセットで使用します。

PART
5

例題 8 買い物リストを作ってみよう

▶ 例題の目的

HTMLの<ul>（Unordered List）と<li>（List Item）タグを使用して、買い物リストを順序なしで表示する。

» reidai08.html の完成ソース

```html
<!DOCTYPE html>
<html lang="ja">
    <head>
        <meta charset="UTF-8">
        <title>買い物リストを作ってみよう</title>
    </head>
    <body>
        <h1>買い物リスト</h1>
        <ul>
            <li>トイレットペーパー</li>
            <li>牛乳</li>
            <li>卵</li>
            <li>パン</li>
            <li>りんご</li>
            <li>鶏肉</li>
            <li>イタリアンドレッシング</li>
        </ul>
        <p>リストを見て、買い逃しがないようにしましょう。</p>
    </body>
</html>
```

▶ ソースの注釈

<ul>タグで順序なしリストにします。

<li>タグで買うアイテムを列挙します。

▶ 操作

1 **HTMLファイルをコピーし、ファイル名を変更する**

「reidai07.html」をコピーし、ファイル名を「reidai08.html」に変更します。

2 メモ帳でHTMLファイルを開き、ソースを変更する

「reidai08.htmlの完成ソース」を参考に、色文字になっている箇所を書き換え、不要な箇所は削除し、完成ソースと同じ内容になるように変更してください。

実際にメモ帳で作成したソース

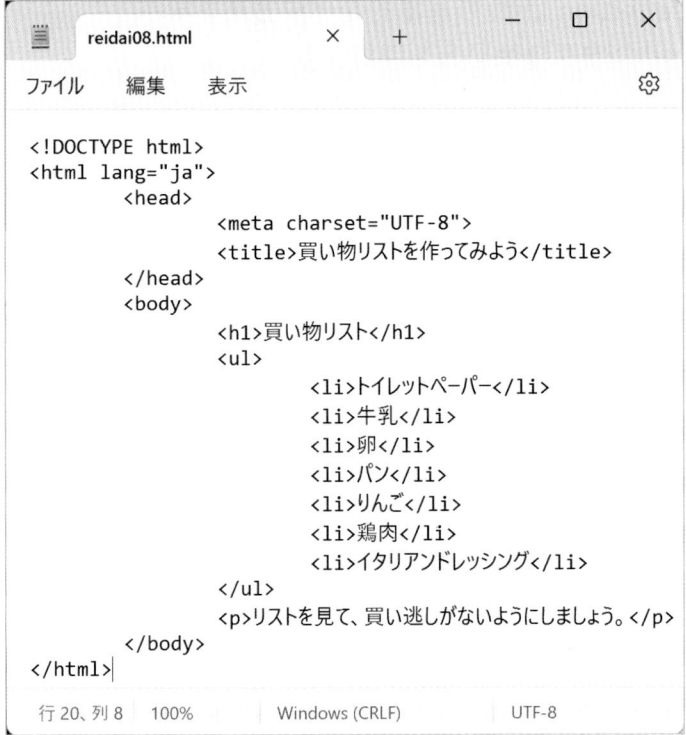

3 変更したHTMLファイルを上書き保存する

4 作成したHTMLファイルをブラウザで表示する

定義リスト

学習のポイント
- ☑ 定義リスト（Definition List）の基本的な作成方法を学ぶ
- ☑ <dl>、<dt>、<dd>タグの使い方を理解する

このレッスンでは、HTMLで定義リストを作成する方法について学びます。主に<dl>（Definition List）タグ、<dt>（Definition Term）タグ、そして<dd>（Definition Description）タグを使用します。

定義リストは、用語とその説明を一対一で結びつけて表示する場合に使用します。それぞれの用語（<dt>）に対して一つ以上の説明（<dd>）を提供できます。このようなリストはよくFAQや辞書、用語集などで使用されます。

例 私が飲んだドリンクの説明

エスプレッソ
> エスプレッソはコーヒーの一種で、粉状のコーヒー豆を高圧で水と組み合わせて作られます。濃厚な味わいが特徴です。

バナナミルク
> バナナミルクは、バナナと牛乳を組み合わせた飲み物です。甘くてクリーミーな味わいがあり、バナナの風味が楽しめます。

ハーブティー
> ハーブティーはノンカフェインの飲み物です。カモミールとレモングラスを使用しています。

タグ解説

<dl>
定義リスト（Definition List）を作成する

<dt>
定義する用語（term）を指定する

<dd>
用語の定義（description）を提供する

それでは、<dl>、<dt>、<dd>タグを使ったサンプルで、タグの位置を確認してみましょう。

» **Lesson3 のサンプルソース**

```
<!DOCTYPE html>
<html lang="ja">
    <head>
        <meta charset="UTF-8">
        <title> 定義リストの例 </title>
    </head>
    <body>
        <h1> 定義リスト </h1>
        <p> 私が飲んだドリンクの説明 </p>
        <dl>
            <dt> エスプレッソ </dt>
            <dd> エスプレッソはコーヒーの一種で、粉状のコーヒー豆を高圧で水と組み合
わせて作られます。濃厚な味わいが特徴です。 </dd>
            <dt> バナナミルク </dt>
            <dd> バナナミルクは、バナナと牛乳を組み合わせた飲み物です。甘くてクリー
ミーな味わいがあり、バナナの風味が楽しめます。 </dd>
            <dt> ハーブティー </dt>
            <dd> ハーブティーはノンカフェインの飲み物です。カモミールとレモングラス
を使用しています。 </dd>
        </dl>
    </body>
</html>
```

　<dl> 要素の中に各飲み物の説明を定義しています。各用語（飲み物の名前）は <dt> 要素で、それに続く説明は <dd> 要素で表現されています。これにより、用語とそれに関連する説明を明確に関連付けることができます。

PART
5

例題 9 お気に入りの曲のプレイリストを作ってみよう

▶ 例題の目的

HTMLの<dl>（Definition List）、<dt>（Definition Term）と<dd>（Definition Description）タグを使用して、お気に入りの曲とその説明を定義リストで表示する。

» reidai09.html の完成ソース

```html
<!DOCTYPE html>
<html lang="ja">
    <head>
        <meta charset="UTF-8">
        <title>お気に入りの曲のプレイリストを作ってみよう</title>
    </head>
    <body>
        <h1>お気に入りの曲のプレイリスト</h1>
        <dl>
            <dt>Imagine</dt>
            <dd>アーティスト：John Lennon</dd>
            <dd>ジャンル：Rock</dd>

            <dt>Bohemian Rhapsody</dt>
            <dd>アーティスト：Queen</dd>
            <dd>ジャンル：Rock</dd>

            <dt>Thriller</dt>
            <dd>アーティスト：Michael Jackson</dd>
            <dd>ジャンル：Pop</dd>
        </dl>
        <p>これが私のお気に入りの曲リストです。</p>
    </body>
</html>
```

▶ ソースの注釈

<dl>タグで定義リストにします。

<dt>タグでお気に入りの曲名を列挙します。

<dd>タグでアーティストとジャンルの説明をしています。

▶ 操作

1 HTMLファイルをコピーし、ファイル名を変更する

「reidai08.html」をコピーし、ファイル名を「reidai09.html」に変更します。

2 メモ帳でHTMLファイルを開き、ソースを変更する

「reidai09.htmlの完成ソース」を参考に、色文字になっている箇所を書き換え、不要な箇所は削除し、完成ソースと同じ内容になるように変更してください。

実際にメモ帳で作成したソース

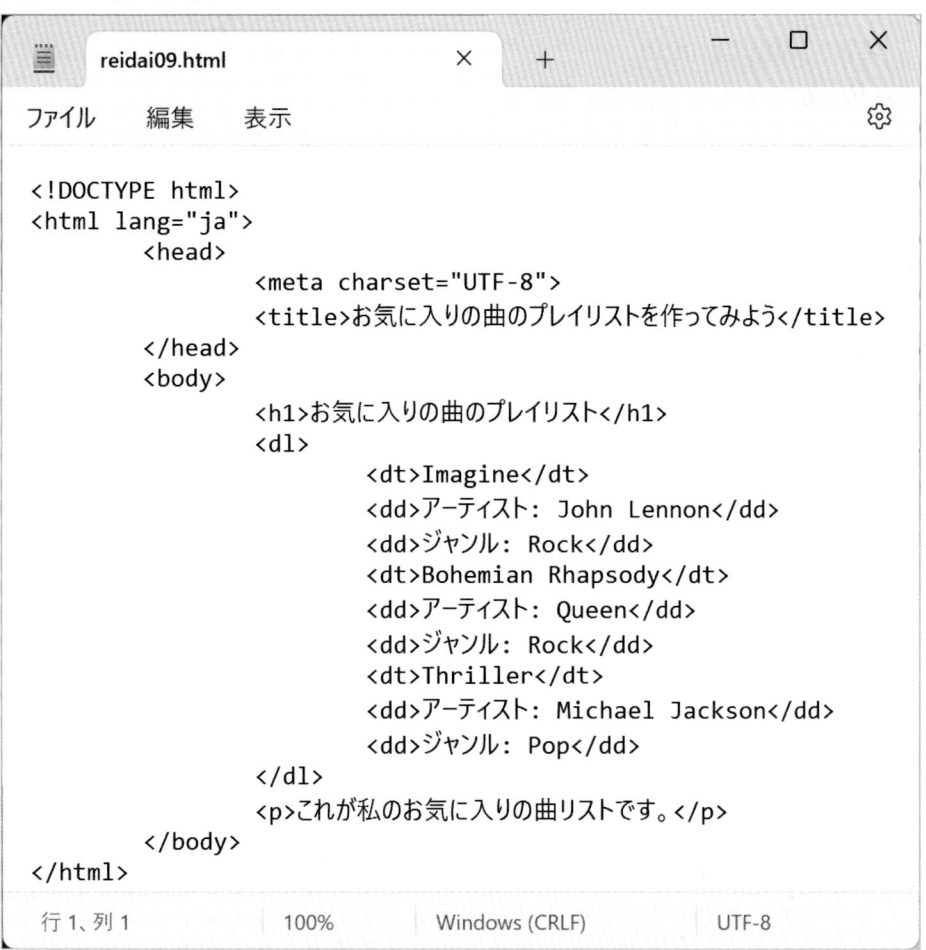

```
reidai09.html                           ×      +              —   □   ×

ファイル    編集    表示                                          ⚙

<!DOCTYPE html>
<html lang="ja">
        <head>
                <meta charset="UTF-8">
                <title>お気に入りの曲のプレイリストを作ってみよう</title>
        </head>
        <body>
                <h1>お気に入りの曲のプレイリスト</h1>
                <dl>
                        <dt>Imagine</dt>
                        <dd>アーティスト: John Lennon</dd>
                        <dd>ジャンル: Rock</dd>
                        <dt>Bohemian Rhapsody</dt>
                        <dd>アーティスト: Queen</dd>
                        <dd>ジャンル: Rock</dd>
                        <dt>Thriller</dt>
                        <dd>アーティスト: Michael Jackson</dd>
                        <dd>ジャンル: Pop</dd>
                </dl>
                <p>これが私のお気に入りの曲リストです。</p>
        </body>
</html>

行 1、列 1              100%        Windows (CRLF)         UTF-8
```

3 変更したHTMLファイルを上書き保存する

④ 作成したHTMLファイルをブラウザで表示する

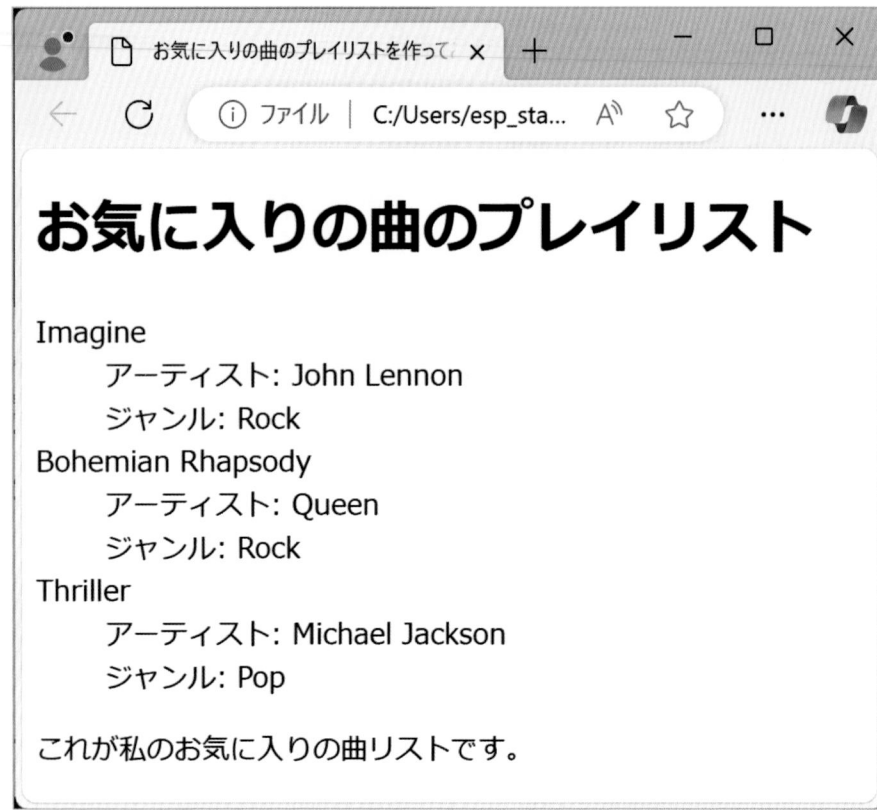

Lesson 4 ネストされたリスト

学習のポイント

☑ ネストされたリスト（Nested List）の基本的な作成方法を学ぶ
☑ 順序付きリストや順序なしリストを組み合わせて使う方法を理解する

このレッスンでは、HTMLでネストされたリストを作成する方法について学びます。

ネストとは入れ子を意味します。つまり、ネストされたリストとは、リストの中に別のリストが含まれているものを指します。

ネストされたリストは、情報を階層的に整理する際に便利ですが、ネストを増やしすぎると読みにくくなるので注意しましょう。

例｜ドリンクの種類

コーヒー
- エスプレッソ
- オリジナルブレンド

ミルク入りフルーツジュース
- バナナミルク
- いちごミルク

ハーブティー
- カモミール＆レモングラス
- ハイビスカス＆ローズヒップ

それでは、\<ul\>、\<li\>タグを使ったサンプルで、タグの位置を確認してみましょう。

» Lesson4 のサンプルソース

```html
<!DOCTYPE html>
<html lang="ja">
    <head>
        <meta charset="UTF-8">
        <title> ネストされたリストの例 </title>
    </head>
    <body>
        <h1> ドリンクの種類 </h1>
        <ul>
            <li> コーヒー
                <ul>
                    <li> エスプレッソ </li>
                    <li> オリジナルブレンド </li>
                </ul>
            </li>
            <li> ミルク入りフルーツジュース
                <ul>
                    <li> バナナミルク </li>
                    <li> いちごミルク </li>
                </ul>
            </li>
            <li> ハーブティー
                <ul>
                    <li> カモミール＆レモングラス </li>
                    <li> ハイビスカス＆ローズヒップ </li>
                </ul>
            </li>
        </ul>
    </body>
</html>
```

　<ul>タグでリストを作成します。順番をつけたい場合は<ol>タグを使用しましょう。

　<li>タグでリストアイテムを指定します。さらに、このタグの中に別の<ul>や<ol>を挿入することで、ネストされたリストを作成します。

レシピを完成させよう

▶ 例題の目的

HTMLの\<ul\>（Unordered List）、\<ol\>（Ordered List）および\<li\>（List Item）タグを使用して、ネストされたリスト形式でレシピを表示する。

» reidai10.html の完成ソース

```html
<!DOCTYPE html>
<html lang="ja">
    <head>
        <meta charset="UTF-8">
        <title>レシピを完成させよう</title>
    </head>
    <body>
        <h1>シンプルなパスタのレシピ</h1>
        <ul>
            <li>必要な材料
                <!-- 順序なしリスト -->
                <ul>
                    <li>スパゲッティ 200g</li>
                    <li>オリーブオイル 大さじ1</li>
                    <li>にんにく 1片</li>
                    <li>塩 小さじ1/2</li>
                </ul>
            </li>
            <li>手順
                <!-- 順序付きリスト -->
                <ol>
                    <li>スパゲッティを茹でる。</li>
                    <li>にんにくをみじん切りにする。</li>
                    <li>フライパンにオリーブオイルとにんにくを入れて炒める。</li>
                    <li>スパゲッティをフライパンに入れ、塩で味を調える。</li>
                </ol>
            </li>
        </ul>
    </body>
</html>
```

PART
5

▶ ソースの注釈

最初の<ul><li>タグで項目である材料と手順を作ります。

必要な材料の各項目は順番を変えても意味は変わらないので、<ul><li>を使用し具体的な材料を追加します。

手順の各項目は順番を変えると意味が変わってしまうので、<ol><li>を使用し具体的な手順を追加します。

順番なしリストと順番付きリストがどこにあるか一目でわかるように、コメントタグである<!-- -->を使用して、コメントを入れています。

▶ 操作

□1 **HTMLファイルをコピーし、ファイル名を変更する**

「reidai09.html」をコピーし、ファイル名を「reidai10.html」に変更します。

□2 **メモ帳でHTMLファイルを開き、ソースを変更する**

「reidai10.htmlの完成ソース」を参考に、色文字になっている箇所を書き換え、不要な箇所は削除し、完成ソースと同じ内容になるように変更してください。

実際にメモ帳で作成したソース

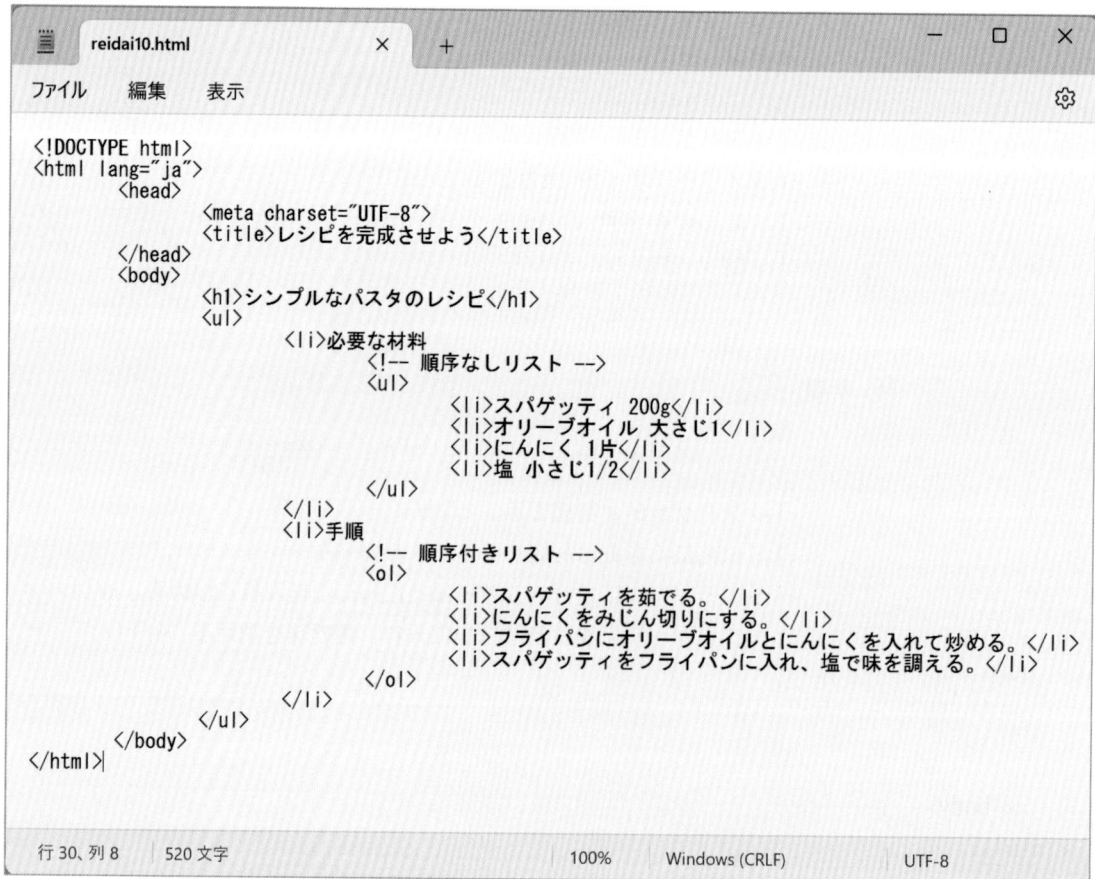

③ 変更したHTMLファイルを上書き保存する

④ 作成したHTMLファイルをブラウザで表示する

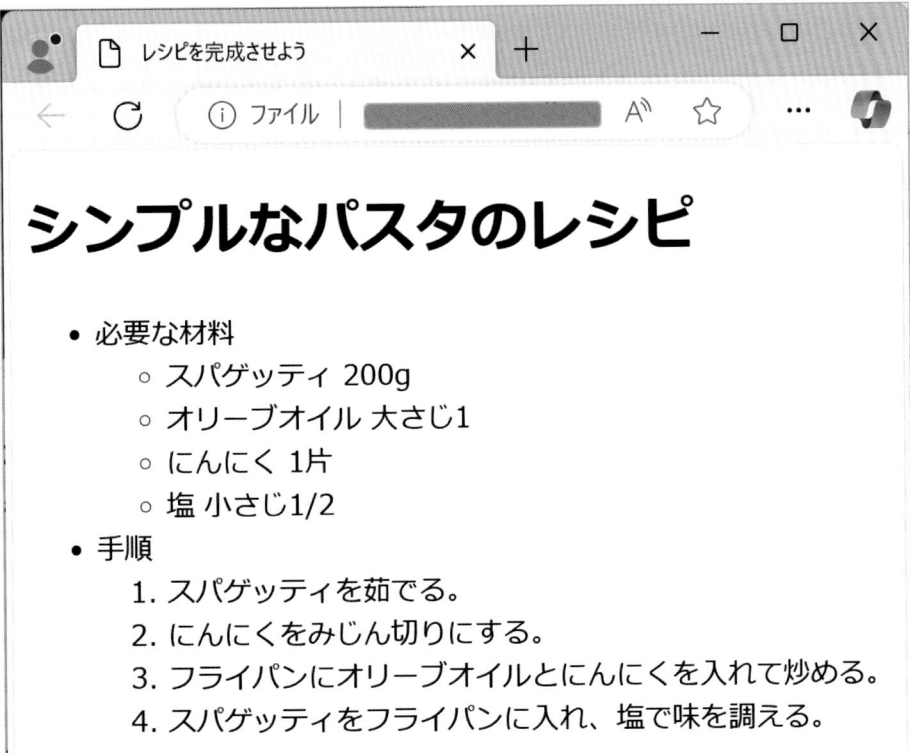

演習問題 21

順序付きリストを使用してレシピを作成する

ブラウザに次のように表示されるHTMLファイルを作成しなさい。

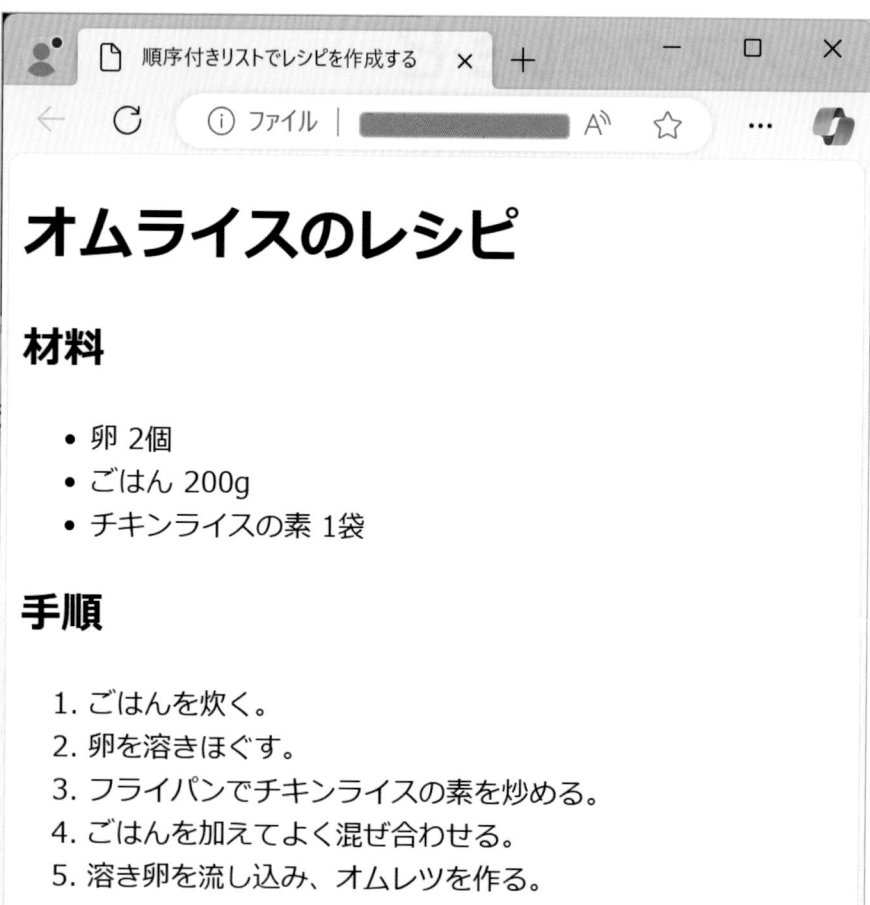

- 順序が重要な情報（手順など）には、<ol>タグ（Ordered List）を用いてください
- 順序が特に重要でない情報（材料など）には、<ul>タグ（Unordered List）を用いましょう。

演習問題 22

順序なしリストを使用して買い物リストを作成する

ブラウザに次のように表示されるHTMLファイルを作成しなさい。

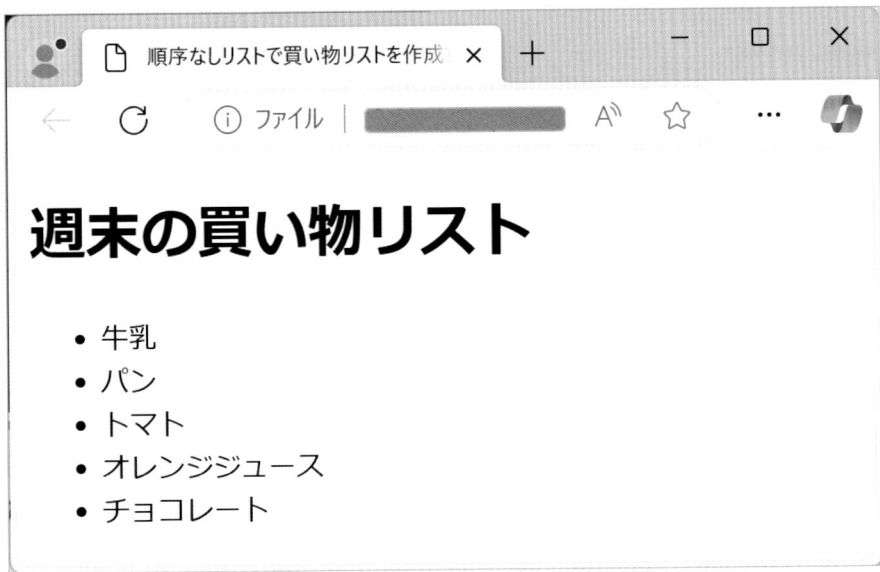

- 順序が特に重要でない情報（買い物リストなど）には、<ul>タグ（Unordered List）を用いましょう。

演習問題 23

あなたのお気に入りの曲のプレイリストを作成する

ブラウザに次のように表示されるHTMLファイルを作成しなさい。

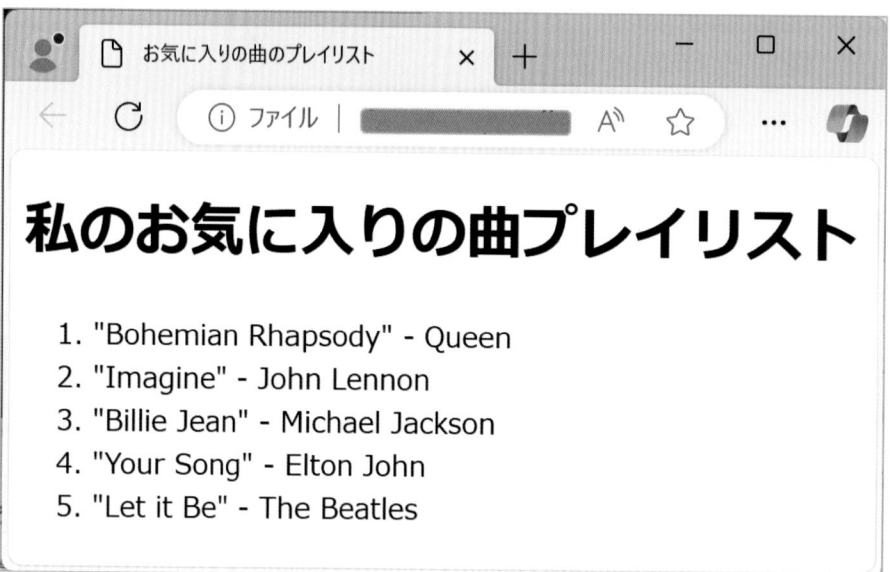

- 順序が重要な情報（ランキング、プレイリストなど）には、<ol>タグ（Ordered List）を用いましょう。

演習問題 24

順序付きリストと順序なしリストの適切な使用例を作成する

ブラウザに次のように表示されるHTMLファイルを作成しなさい。

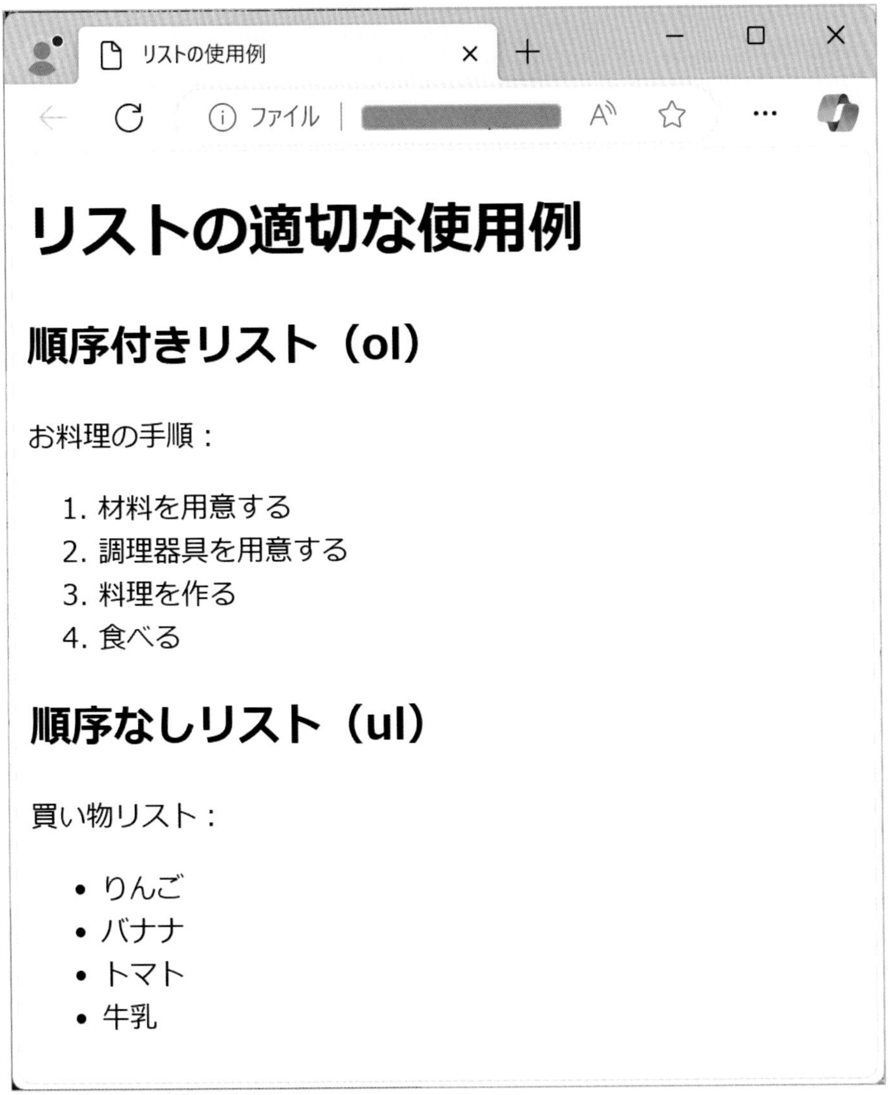

リストの使用例
ファイル
リストの適切な使用例
順序付きリスト（ol）
お料理の手順：
1. 材料を用意する
2. 調理器具を用意する
3. 料理を作る
4. 食べる
順序なしリスト（ul）
買い物リスト：
• りんご
• バナナ
• トマト
• 牛乳

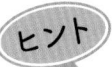

ヒント

- 手順やランキングなど、順序が重要な場合は<ol>タグを使用します
- 項目の順序が重要でない場合は<ul>タグを使用します。
- 各リストの前にそれぞれコメントをいれましょう。コメントは、<!-- 順序付きリストの例 -->、<!-- 順序なしリストの例 -->としてください。

PART 5

演習問題 25

HTMLでネストされたリストを作成する

ブラウザに次のように表示されるHTMLファイルを作成しなさい。

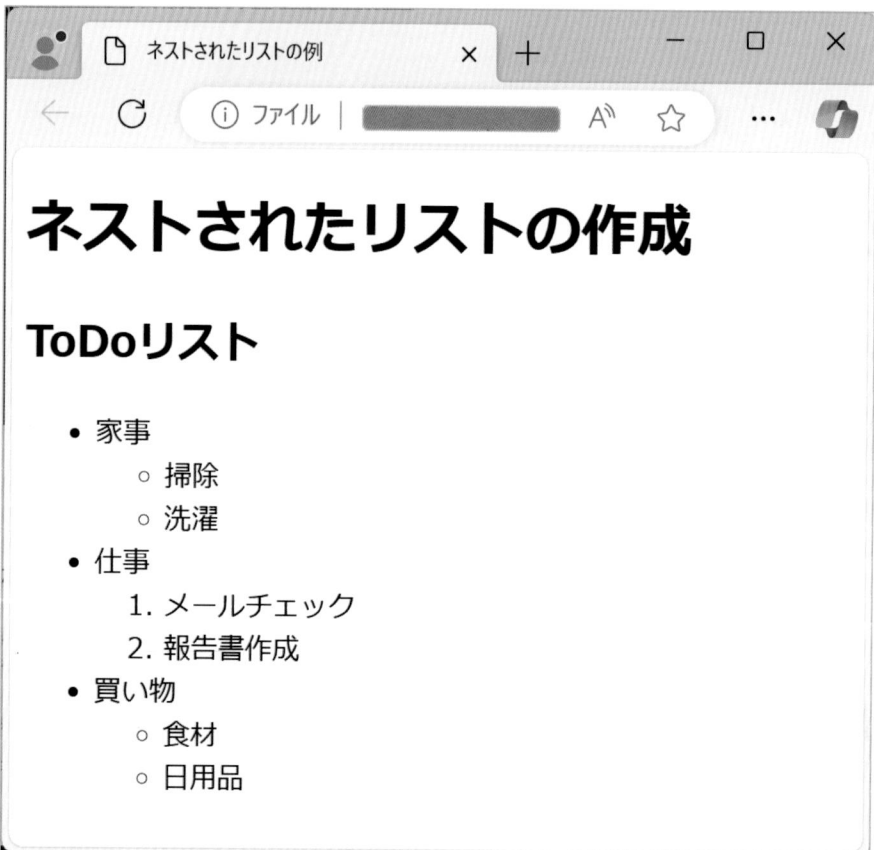

 ・ ネストされたリストを作成する際は、<ul>または<ol>タグの中に新たに<ul>または<ol>タグを入れて、その中に<li>タグを配置します。

・ ToDoリストの前にコメントをいれましょう。コメントは、<!-- ネストされたリストの例 -->としてください。

PART **6**

テーブルの作成

学習の狙い

このパートでは、HTML文書内で使用頻度の高い、テーブルの作成について学びます。テーブルタグには様々な種類があります。このLessonを通して見ていきます。

テーブルタグ

学習のポイント

☑ 基本的なテーブル（Table）の作成方法を学ぶ

☑ <table>、<tr>、<td> といった基本的なテーブルタグについて
理解する

　このレッスンでは、HTMLでテーブルを作成する基本的な方法について学びます。テーブルはデータを整理し、一覧表示する際に便利です。

　基本的なテーブル作成は簡単ですが、テーブル内にさらに他のテーブルを入れ子にする、または行や列の結合を多用すると、管理が難しくなる上に、データの可読性が落ちます。そのため、必要な情報だけを簡潔にまとめるようにしましょう。

例

名前	年齢
山田太郎	16
佐藤花子	16

タグ解説

<table>
テーブルを作成する

<tr>
テーブルの行（Row）を作成する

<td>
テーブルの列（Cell）を作成する

　それでは、<table>、<tr>、<td>タグを使ったサンプルで、タグの位置を確認してみましょう。

```
<!DOCTYPE html>
<html lang="ja">
    <head>
        <meta charset="UTF-8">
        <title> 基本的なテーブルの例 </title>
    </head>
    <body>
        <h1> 基本的なテーブル </h1>
        <table>
            <tr>
                <td> 名前 </td>
                <td> 年齢 </td>
            </tr>
            <tr>
                <td> 山田太郎 </td>
                <td>16</td>
            </tr>
            <tr>
                <td> 佐藤花子 </td>
                <td>16</td>
            </tr>
        </table>
    </body>
</html>
```

PART
6

<td>タグは必ず<tr>タグの中に配置します。

Lesson

2

学習のポイント

ヘッダーとデータセル

☑ テーブルのヘッダーとデータセルの違いを理解する

☑ <th> タグと <td> タグの使い方を学ぶ

このレッスンでは、テーブル内でヘッダーとデータセルをどのように区別するかについて学びます。ヘッダーとデータセルは、テーブル内で異なる役割を果たします。

<th>タグは、テーブル内で特に重要な情報や、列・行の見出しを表示する場合に使用します。通常は太字で中央揃えになります。ユーザーがテーブルの内容を一目で理解するために、適切な場所にヘッダーを配置しましょう。

例

名前	年齢
山田太郎	16
佐藤花子	16

タグ解説

<thead>

テーブルのヘッダーセクションを定義する

<th>

テーブルのヘッダーセル（Header Cell）を定義する

<tbody>

テーブルのデータセクションを定義する

それでは、<thead>、<th>、<tbody>タグを使ったサンプルで、タグの位置を確認してみましょう。

》 Lesson2 のサンプルソース

```
<!DOCTYPE html>
<html lang="ja">
    <head>
        <meta charset="UTF-8">
        <title> ヘッダーとデータセルの例 </title>
    </head>
    <body>
        <h1> ヘッダーとデータセル </h1>
        <table>
            <thead>
                <tr>
                    <th> 名前 </th>
                    <th> 年齢 </th>
                </tr>
            </thead>
            <tbody>
                <tr>
                    <td> 山田太郎 </td>
                    <td>16</td>
                </tr>
                <tr>
                    <td> 佐藤花子 </td>
                    <td>16</td>
                </tr>
            </tbody>
        </table>
    </body>
</html>
```

成績表を作ってみよう

▶ 例題の目的

HTMLの<table>（テーブル）、<thead>（テーブルのヘッダー）、<tbody>（テーブルのボディ）、<tr>（テーブル行）、<th>（ヘッダーセル）、<td>（データセル）タグを使用して、成績表を表示する。

» reidai11.html の完成ソース

```
<!DOCTYPE html>
<html lang="ja">
    <head>
        <meta charset="UTF-8">
        <title> 成績表を作ってみよう </title>
    </head>
    <body>
        <h1> 第一学期 成績表 </h1>
        <table>
            <thead>
                <tr>
                    <th> 科目 </th>
                    <th> 点数 </th>
                    <th> 評価 </th>
                </tr>
            </thead>
            <tbody>
                <tr>
                    <td> 数学 </td>
                    <td>90</td>
                    <td>A</td>
                </tr>
                <tr>
                    <td> 英語 </td>
                    <td>85</td>
                    <td>B</td>
                </tr>
                <tr>
                    <td> 国語 </td>
```

```
                    <td>80</td>
                    <td>B</td>
                </tr>
            </tbody>
        </table>
    </body>
</html>
```

▶ **ソースの注釈**

<table>：テーブルを開始します。

<thead>：ヘッダー部分を囲みます。

<thead>：囲った中の<tr>と<th>でヘッダー行とヘッダーセルを作成します。

<tbody>：成績データの部分を囲みます。

<tbody>：囲った中の<tr>および<td>でデータ行とデータセルを作成します。

▶ **操作**

1 **HTMLファイルをコピーし、ファイル名を変更する**

「reidai10.html」をコピーし、ファイル名を「reidai11.html」に変更します。

2 **メモ帳でHTMLファイルを開き、ソースを変更する**

「reidai11.htmlの完成ソース」を参考に、色文字になっている箇所を書き換え、不要な箇所は削除し、完成ソースと同じ内容になるように変更してください。

PART
6

実際にメモ帳で作成したソース

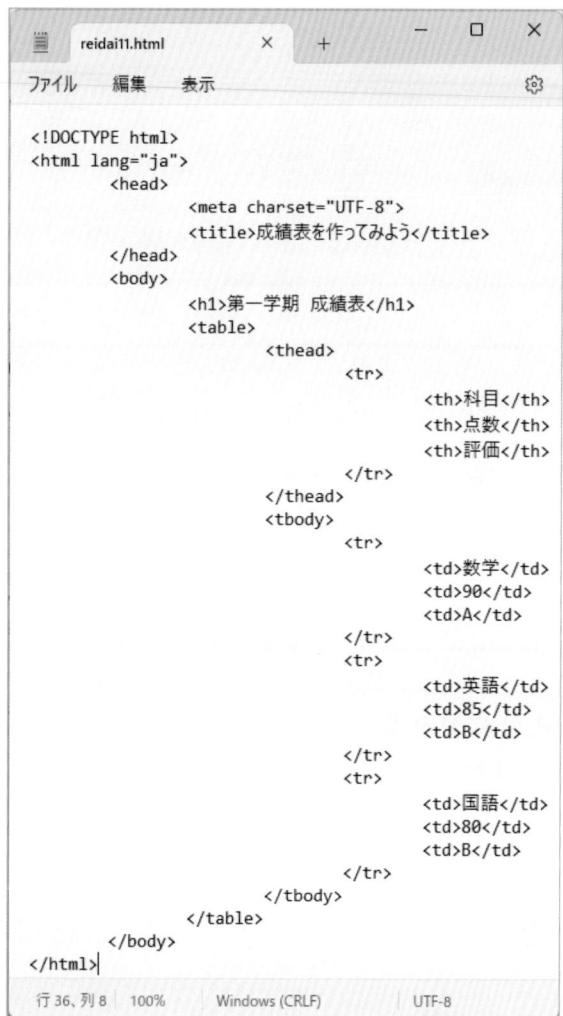

```
<!DOCTYPE html>
<html lang="ja">
        <head>
                <meta charset="UTF-8">
                <title>成績表を作ってみよう</title>
        </head>
        <body>
                <h1>第一学期 成績表</h1>
                <table>
                        <thead>
                                <tr>
                                        <th>科目</th>
                                        <th>点数</th>
                                        <th>評価</th>
                                </tr>
                        </thead>
                        <tbody>
                                <tr>
                                        <td>数学</td>
                                        <td>90</td>
                                        <td>A</td>
                                </tr>
                                <tr>
                                        <td>英語</td>
                                        <td>85</td>
                                        <td>B</td>
                                </tr>
                                <tr>
                                        <td>国語</td>
                                        <td>80</td>
                                        <td>B</td>
                                </tr>
                        </tbody>
                </table>
        </body>
</html>
```

③ 変更したHTMLファイルを上書き保存する

④ 作成したHTMLファイルをブラウザで表示する

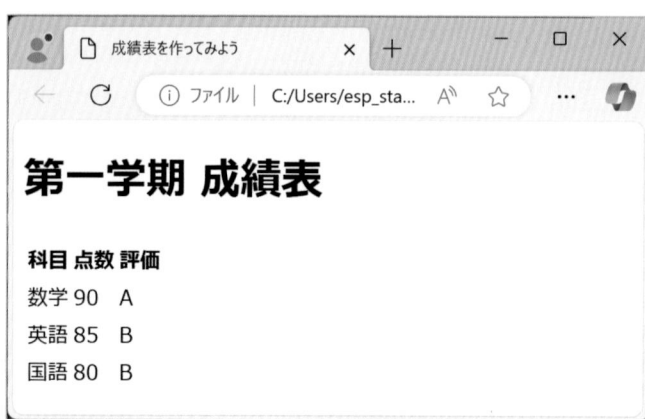

第一学期 成績表

科目	点数	評価
数学	90	A
英語	85	B
国語	80	B

Lesson 3 行と列

学習のポイント
- ☑ テーブル内で行と列を制御する方法を学ぶ
- ☑ <tr> タグ、<col> タグの使い方を理解する

　このレッスンでは、HTMLテーブルで行と列をどのように作成・管理するかについて解説します。行と列は、テーブルの基本的な構成要素であり、レイアウトやデザインに直接影響します。

　行と列の管理は、テーブルの情報を正確に伝える上で重要です。適切な行と列の配置を心掛け、情報を整理しましょう。

タグ解説

<colgroup>

テーブルで列のグループを定義する

<col>

テーブル内の特定の列にスタイルを適用するために使用する

属性解説

span

要素が適用される列の数を指定する。デフォルトでは1列に適用される

style

要素にスタイルを適用するためのインラインCSSスタイルを指定する

CSSについては、後のPARTで扱うため、ここでは詳しい説明は省略します。

　それでは、<colgroup>、<col>タグを使ったサンプルで、タグの位置を確認してみましょう。

» Lesson3 のサンプルソース

```html
<!DOCTYPE html>
<html lang="ja">
    <head>
        <meta charset="UTF-8">
        <title> 行と列の例 </title>
    </head>
    <body>
        <h1> 行と列 </h1>
        <table border="1">
            <colgroup>
                <col style="width:100px;">
                <col style="width:50px;">
            </colgroup>
            <thead>
                <tr>
                    <th> 名前 </th>
                    <th> 年齢 </th>
                </tr>
            </thead>
            <tbody>
                <tr>
                    <td> 山田太郎 </td>
                    <td>16</td>
                </tr>
                <tr>
                    <td> 佐藤花子 </td>
                    <td>16</td>
                </tr>
            </tbody>
        </table>
    </body>
</html>
```

<colgroup>を使用して、2つの列をグループ化しています。

<col>にスタイルを適用することで、各列の幅を指定しています。

セルの結合

学習のポイント
- ☑ テーブル内でセルを結合する方法を学ぶ
- ☑ rowspan と colspan 属性の使い方を理解する

このレッスンでは、HTMLテーブル内で行や列のセルを結合する方法について学びます。セルの結合は、データをよりわかりやすく表示するためによく使われます。

セルの結合を行う際は、データの可読性とレイアウトを考慮して行いましょう。

例

名前	スコア	
	国語	数学
山田太郎	90	85
佐藤花子	95	80
平均点 (小数点以下切り捨て)	92点	82点

タグ解説

`<tfoot>`
表のフッターセクションを定義する

属性解説

`rowspan`
セルを垂直方向（行方向）に結合するために使用する。rowspan="2" とすると、そのセルは下の行にもまたがる形で結合される

`colspan`
セルを水平方向（列方向）に結合するために使用する。colspan="2" とすると、そのセルは隣の列にもまたがる形で結合される

この2つの属性は、通常、<td> や <th> 要素内で使用されます。

それでは、<tfoot>タグ、rowspan、colspan属性を使ったサンプルで、タグと属性の位置を確認してみましょう。

```
<!DOCTYPE html>
<html lang="ja">
    <head>
        <meta charset="UTF-8">
        <title> セルの結合の例 </title>
    </head>
    <body>
        <h1> セルの結合 </h1>
        <table>
            <thead>
                <tr>
                    <th rowspan="2"> 名前 </th>
                    <th colspan="2"> スコア </th>
                </tr>
                <tr>
                    <th> 国語 </th>
                    <th> 数学 </th>
                </tr>
            </thead>
            <tbody>
                <tr>
                    <td> 山田太郎 </td>
                    <td>90</td>
                    <td>85</td>
                </tr>
                <tr>
                    <td> 佐藤花子 </td>
                    <td>95</td>
                    <td>80</td>
                </tr>
            </tbody>
            <tfoot>
                <tr>
                    <td> 平均点（小数点以下切り捨て）</td>
                    <td>92 点 </td>
                    <td>82 点 </td>
                </tr>
            </tfoot>
        </table>
    </body>
</html>
```

例題 **12** 項目を増やした成績表を作ろう

▶ 例題の目的

　HTMLの<table>（テーブル）、<thead>（テーブルのヘッダー）、<tbody>（テーブルのボディ）、<tfoot>（テーブルのフッター）、<tr>（テーブル行）、<th>（ヘッダーセル）、<td>（データセル）、rowspanおよびcolspan属性を使用して、複数の項目を含む成績表を表示する。

》 reidai12.html の完成ソース

```html
<!DOCTYPE html>
<html lang="ja">
    <head>
        <meta charset="UTF-8">
        <title> 項目を増やした成績表を作ろう </title>
        <style>
            table,th,tr,td{
                border: 1px solid black;
                border-collapse: collapse;
            }
        </style>
    </head>
    <body>
        <h1> 第一学期 成績表 </h1>
        <table>
            <colgroup>
                <col style="width: 60px;">
                <col style="width: 130px;">
                <col style="width: 100px;">
                <col style="width: 60px;">
            </colgroup>
            <thead>
                <tr>
                    <th> 教科 </th>
                    <th> 評価項目 </th>
                    <th> 点数・評価 </th>
                    <th> 判定 </th>
                </tr>
            </thead>
```

```
<tbody>
    <tr>
        <td rowspan="3"> 数学 </td>
        <td> 中間試験 </td>
        <td>90 点 </td>
        <td rowspan="3">A</td>
    </tr>
    <tr>
        <td> 期末試験 </td>
        <td>95 点 </td>
    </tr>
    <tr>
        <td> 課題提出 </td>
        <td> ◎ </td>
    </tr>
    <tr>
        <td rowspan="3"> 英語 </td>
        <td> 中間試験 </td>
        <td>50 点 </td>
        <td rowspan="3">D</td>
    </tr>
    <tr>
        <td> 期末試験 </td>
        <td>50 点 </td>
    </tr>
    <tr>
        <td> 課題提出 </td>
        <td> × </td>
    </tr>
    <tr>
        <td rowspan="3"> 国語 </td>
        <td> 中間試験 </td>
        <td>75 点 </td>
        <td rowspan="3">B</td>
    </tr>
    <tr>
        <td> 期末試験 </td>
        <td>70 点 </td>
    </tr>
```

```
            <tr>
                    <td> 課題提出 </td>
                    <td> ○ </td>
            </tr>
        </tbody>
        <tfoot>
            <tr>
                    <td colspan="4"> コメント </td>
            </tr>
            <tr>
                    <td colspan="4"> 課題提出の状況も成績に影響します。忘れずに提出
するようにしましょう。</td>
            </tr>
        </tfoot>
    </table>
 </body>
</html>
```

▶ ソースの注釈

　<head>内に<style>で、テーブルおよびその内部の要素に対して枠線のスタイルを指定していま
す。CSSについて後のPARTで詳しく取り扱います。ここでは、表示をわかりやすくするためにしてい
ます。

　<colgroup>：列グループを定義し、各<col>要素で列の幅を指定しています。

　<td rowspan="3">数学</td>：「数学」と表示されるセルが3つの行にまたがるように指定してい
ます。

　<td rowspan="3">A</td>：「A」と表示されるセルが3つの行にまたがるように指定しています。
同様に、他の科目（英語、国語）の成績も同じように指定しています。

　<td colspan="4">コメント</td>：「コメント」と表示されるセルが4つの列にまたがるように指定して
います。

▶ 操作

① HTMLファイルをコピーし、ファイル名を変更する

　「reidai11.html」をコピーし、ファイル名を「reidai12.html」に変更します。

② メモ帳でHTMLファイルを開き、ソースを変更する

　「reidai12.htmlの完成ソース」を参考に、色文字になっている箇所を書き換え、不要な箇所は削
除し、完成ソースと同じ内容になるように変更してください。

実際にメモ帳で作成したソース

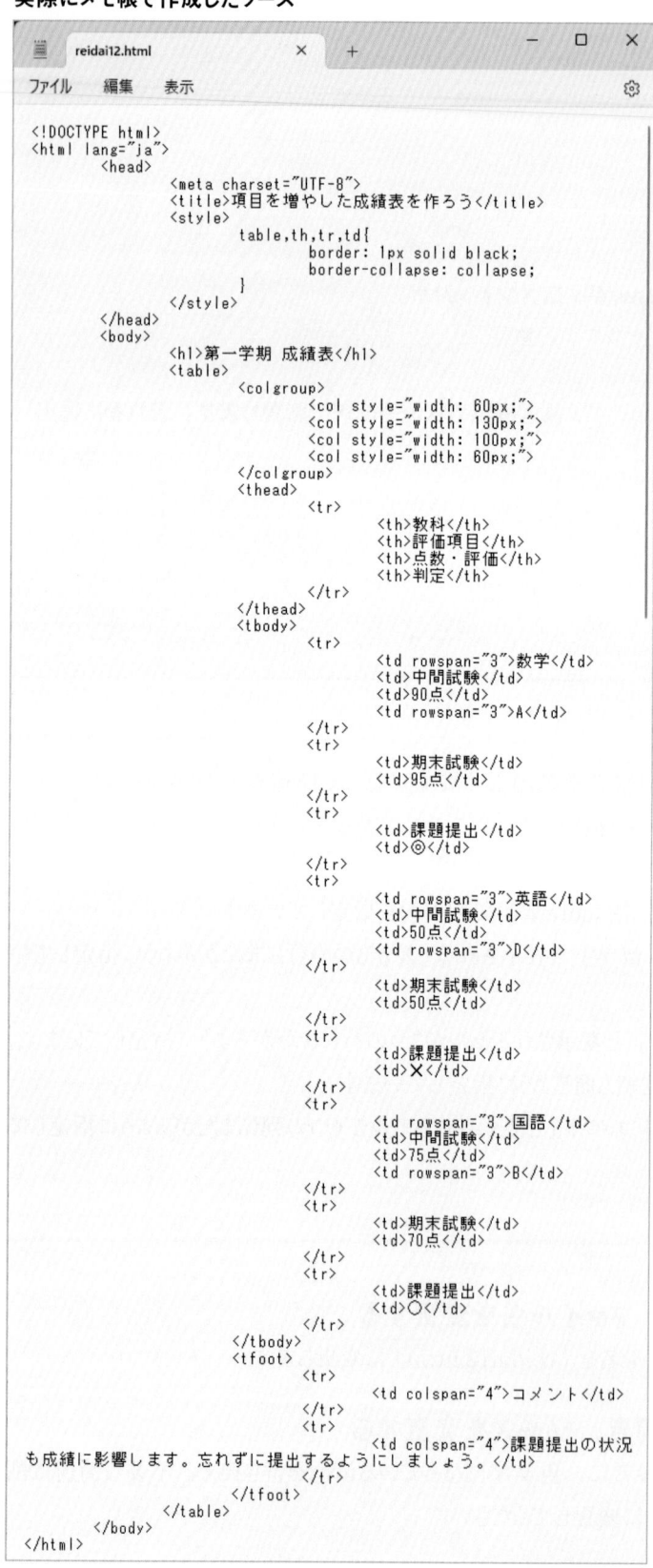

```
<!DOCTYPE html>
<html lang="ja">
    <head>
        <meta charset="UTF-8">
        <title>項目を増やした成績表を作ろう</title>
        <style>
            table,th,tr,td{
                border: 1px solid black;
                border-collapse: collapse;
            }
        </style>
    </head>
    <body>
        <h1>第一学期 成績表</h1>
        <table>
            <colgroup>
                <col style="width: 60px;">
                <col style="width: 130px;">
                <col style="width: 100px;">
                <col style="width: 60px;">
            </colgroup>
            <thead>
                <tr>
                    <th>教科</th>
                    <th>評価項目</th>
                    <th>点数・評価</th>
                    <th>判定</th>
                </tr>
            </thead>
            <tbody>
                <tr>
                    <td rowspan="3">数学</td>
                    <td>中間試験</td>
                    <td>90点</td>
                    <td rowspan="3">A</td>
                </tr>
                <tr>
                    <td>期末試験</td>
                    <td>95点</td>
                </tr>
                <tr>
                    <td>課題提出</td>
                    <td>◎</td>
                </tr>
                <tr>
                    <td rowspan="3">英語</td>
                    <td>中間試験</td>
                    <td>50点</td>
                    <td rowspan="3">D</td>
                </tr>
                <tr>
                    <td>期末試験</td>
                    <td>50点</td>
                </tr>
                <tr>
                    <td>課題提出</td>
                    <td>✕</td>
                </tr>
                <tr>
                    <td rowspan="3">国語</td>
                    <td>中間試験</td>
                    <td>75点</td>
                    <td rowspan="3">B</td>
                </tr>
                <tr>
                    <td>期末試験</td>
                    <td>70点</td>
                </tr>
                <tr>
                    <td>課題提出</td>
                    <td>○</td>
                </tr>
            </tbody>
            <tfoot>
                <tr>
                    <td colspan="4">コメント</td>
                </tr>
                <tr>
                    <td colspan="4">課題提出の状況
も成績に影響します。忘れずに提出するようにしましょう。</td>
                </tr>
            </tfoot>
        </table>
    </body>
</html>
```

3 変更したHTMLファイルを上書き保存する

4 作成したHTMLファイルをブラウザで表示する

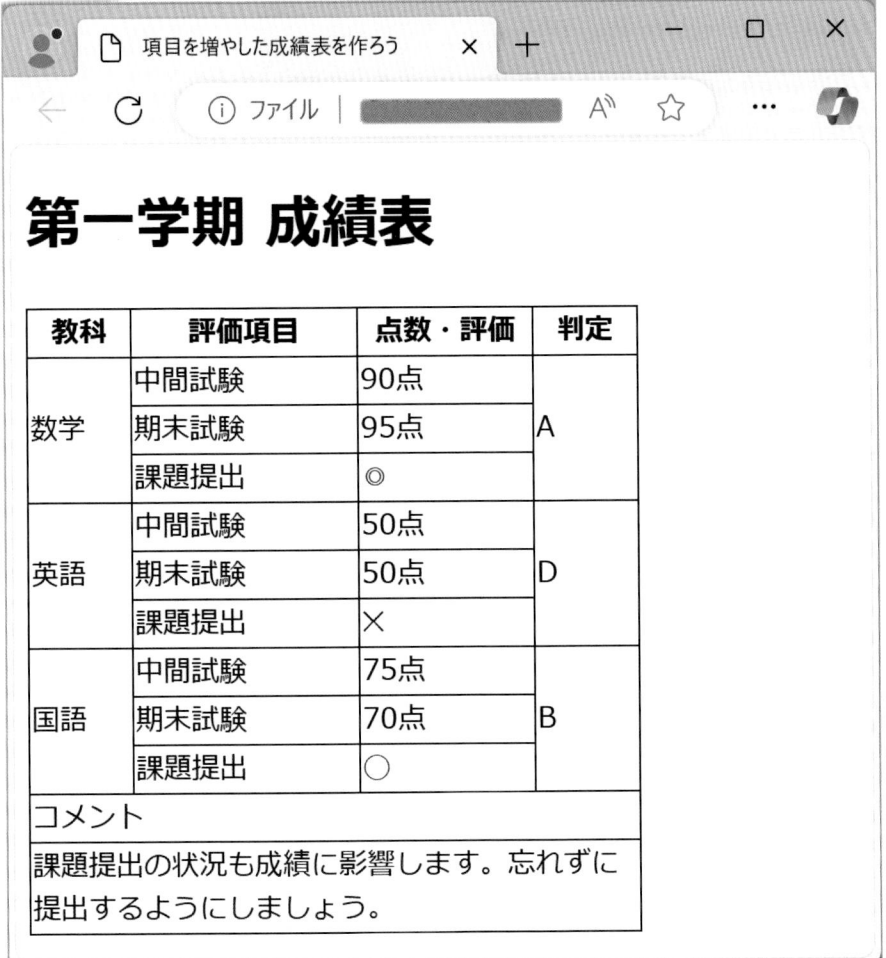

演習問題 26

成績表を作成する

ブラウザに次のように表示されるHTMLファイルを作成しなさい。

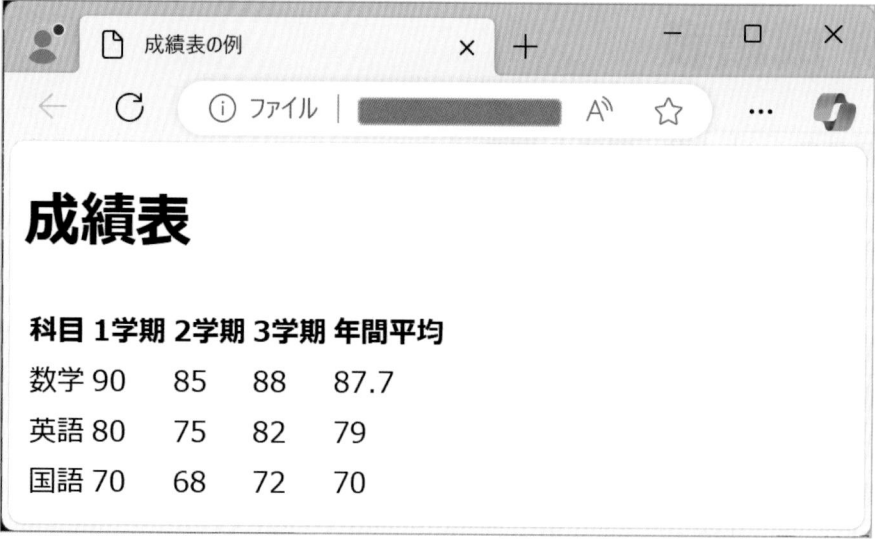

- <table>タグを使ってテーブルを作成しましょう。
- <table>タグの前に<!-- 成績表の例 -->というコメントをいれましょう。
- 科目や学期が入っている行をヘッダー行<thead>タグで囲み、それぞれのセルは<th>を使いましょう
- 各教科の名前と点数部分は<tbody>で囲みましょう。

演習問題 27

お気に入りの映画のリストをテーブル形式で作成する

ブラウザに次のように表示されるHTMLファイルを作成しなさい。

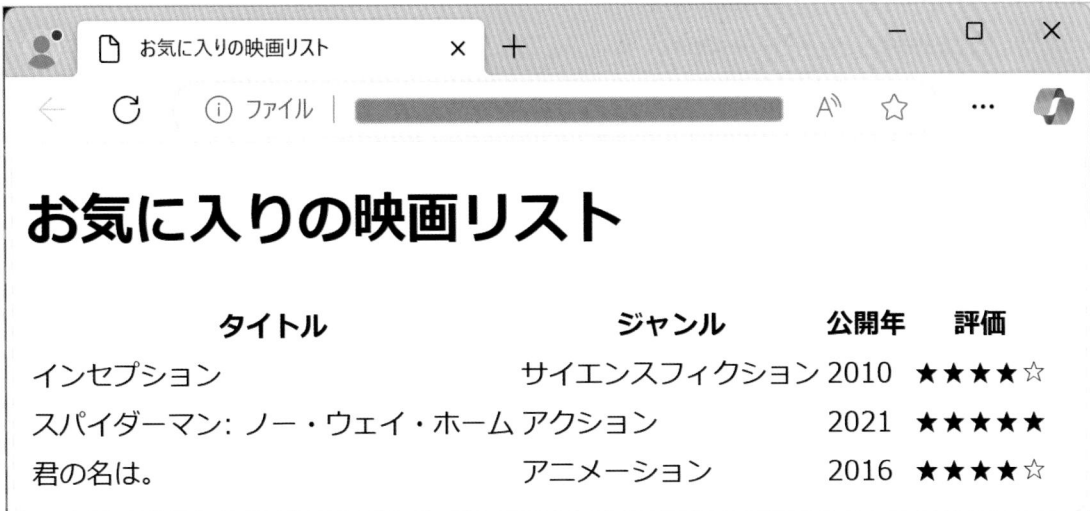

ヒント

- <table>タグを使ってテーブルを作成しましょう。
- <table>タグの前に<!-- 映画のリスト -->というコメントをいれましょう。
- タイトルやジャンルが入っている行をヘッダー行<thead>タグで囲み、それぞれのセルは<th>を使いましょう
- 映画の名前や詳細部分は<tbody>で囲みましょう。

演習問題 28

テーブルにヘッダーとフッターを追加する

ブラウザに次のように表示されるHTMLファイルを作成しなさい。

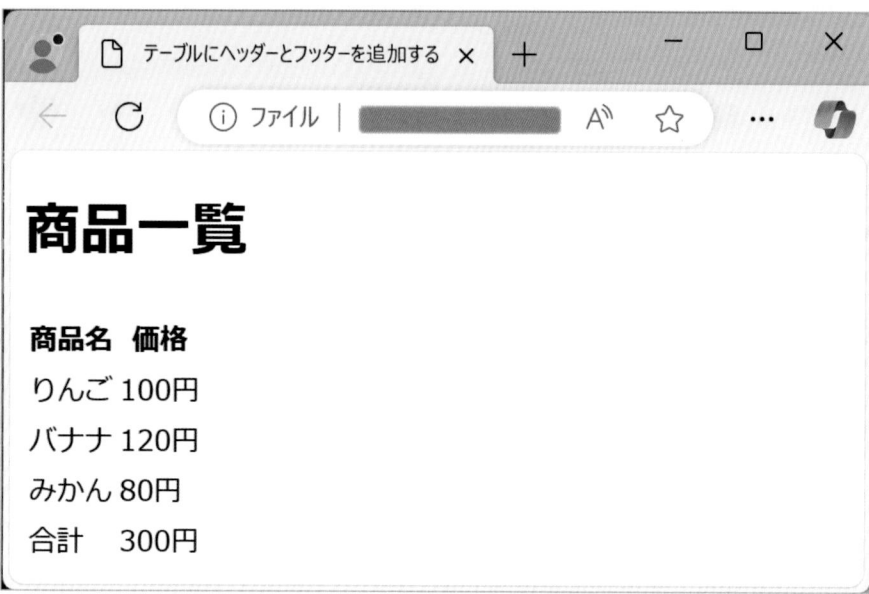

- <table>タグを使ってテーブルを作成しましょう。
- <table>タグの前に<!-- 商品のテーブル -->というコメントをいれましょう。
- 商品名と価格が入っている行をヘッダー行<thead>タグで囲み、それぞれのセルは<th>を使いましょう
- 名前や価格の詳細部分は<tbody>で囲みましょう。
- 合計金額が入っている行をフッター行<tfoot>タグで囲みましょう。

演習問題 29

テーブルのセルを結合する

ブラウザに次のように表示されるHTMLファイルを作成しなさい。

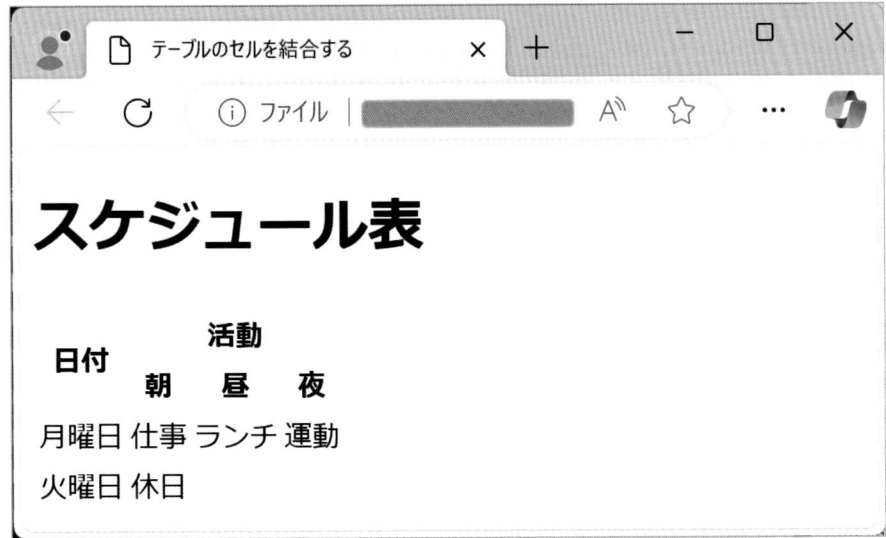

ヒント

- <table>タグを使ってテーブルを作成しましょう。
- <table>タグの前に<!-- スケジュールのテーブル -->というコメントをいれましょう。
- 日付や活動が入っている行、朝、昼、夜が入っている2行をヘッダー行<thead>タグで囲み、それぞれのセルは<th>を使いましょう。
- 日付の<th>タグにはrowspan属性を使いましょう。
- 活動の<th>タグにはcolspan属性を使いましょう。
- 曜日や活動内容の詳細部分は<tbody>で囲みましょう。

演習問題 **30**

複数のテーブルを比較するためのWebページを作成する

ブラウザに次のように表示されるHTMLファイルを作成しなさい。

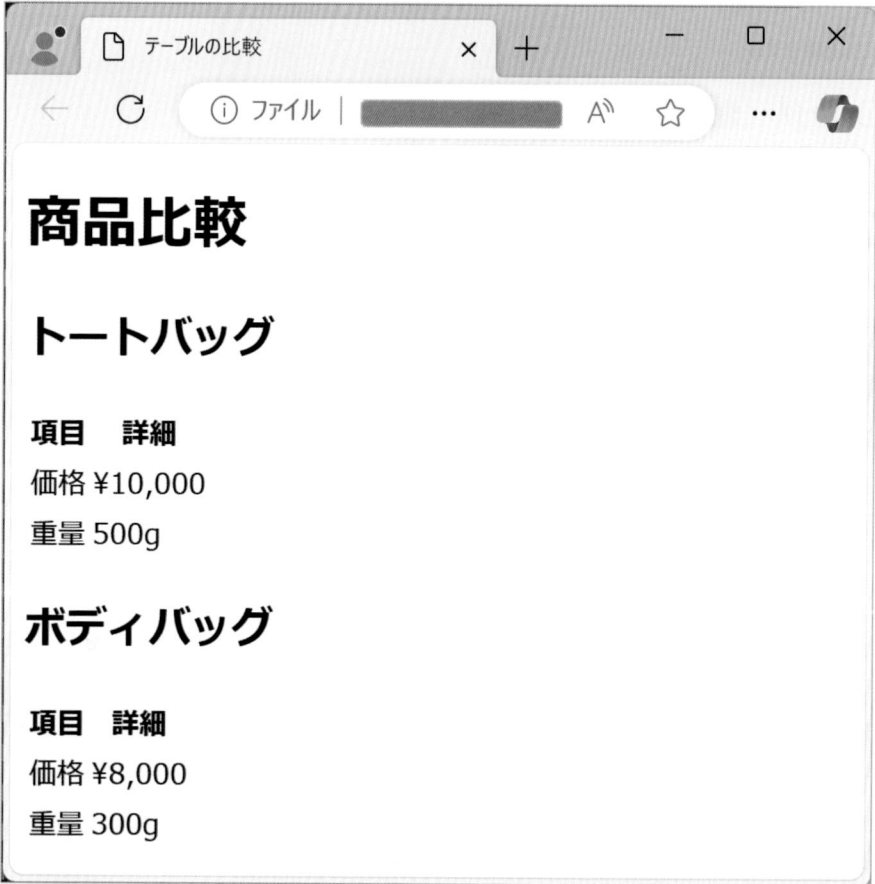

 ヒント

- テーブルの見出しには<h2>を使いましょう。
- <table>タグを使ってテーブルを作成しましょう。
- <table>タグの前にそれぞれ<!-- トートバッグのテーブル -->、<!-- ボディバッグのテーブル -->というコメントをいれましょう。
- 項目や詳細が入っている行をヘッダー行<thead>タグで囲み、それぞれのセルは<th>を使いましょう。
- 価格や重量の詳細部分は<tbody>で囲みましょう。

PART 7

フォームの作成

学習の狙い

このパートでは、検索エンジンの入力欄、問い合わせフォーム、ログイン画面など、多くのWebサービスで利用されているフォームについて学びます。

<table>
<tr><td>

Lesson

1

</td><td colspan="2">

フォームタグ

</td></tr>
<tr><td>

学習のポイント

</td><td colspan="2">

☑ フォームの仕組みを理解する
☑ フォームを作成する基本的なタグを学ぶ
☑ <form> タグの基本的な属性を理解する

</td></tr>
</table>

このレッスンでは、Webページにユーザーからの入力を受け付けるためのフォームについて学びます。まずは、フォームの一般的な処理の流れについて理解しましょう。

1. ユーザーがデータを入力する。
2. 送信ボタンで入力されたデータをWebサーバーに送る。
3. 受け取ったデータをサーバー側のプログラムで情報処理を行う。
4. 必要に応じてブラウザが結果をブラウザに返す。

例えば検索エンジンでは、テキストフィールドに入力された言葉（文字列）がサーバーに送られ、関連性の高いと思われるWebページのリストを、検索結果としてユーザーに届けることができます。

フォームを設計する際は、入力のしやすさなどのユーザビリティを意識した設計にしましょう。例えば、電話番号の入力欄があった場合、数字で入力できるようになっている等です。最近はスマートフォンを使用するユーザーが多いため、スマートフォンに最適化することなども必要になってきます。

また、このPARTではローカル上にファイルを作りますが、Webサーバーにアップロードする際には、ユーザーが入力し送信する情報が漏洩しないよう、セキュリティを考慮する必要があります。

タグ解説

`<form>`

フォーム要素を定義する

属性解説

`method`

データの送信方法（GET、POSTなど）を指定する

`action`

フォームデータを送信する先のURLを指定する

タグ解説

`<label>`

入力欄にラベルを付ける

属性解説

`for`

ラベルが関連付けられる入力欄のIDを指定する

タグ解説

`<input>`

入力フォームのパーツ。多くの属性を持ちtype属性とセットで使用する

属性解説

`type`

値でどの種類の入力欄にするか指定する

> **値の一例**
> text：テキストフィールド
> email：メールアドレスの形式に合っているか自動でチェックする
> submit：formのaction属性で指定されたURLに入力内容を送信する

`id`

\<label\>要素のfor 属性と組み合わせて、\<label\> 要素を特定の \<input\> 要素に関連付ける

`name`

input要素に名前を与える。受信側で、入力値を識別する際に使用する

`value`

input要素にデフォルトの値（初期値）を与える

PART
7

　それでは、\<form\>、\<input\>、\<label\>タグや関連する属性を使ったサンプルで、タグや属性の位置を確認してみましょう。

» **Lesson1 のサンプルソース**

```html
<!DOCTYPE html>
<html lang="ja">
    <head>
        <meta charset="UTF-8">
        <title> フォームの例 </title>
    </head>
    <body>
        <h1> お問い合わせフォーム </h1>
        <form action=" form.php " method="post">
            <label for="name"> 名前 :</label>
            <input type="text" id="name" name="name">
            <br>
            <label for="email"> メール :</label>
            <input type="email" id="email" name="email">
            <br>
            <input type="submit" value=" 送信 ">
        </form>
    </body>
</html>
```

　<form action="form.php" method="post">：フォームの開始を示します。action属性でフォームデータの送信先を指定し、method属性でデータの送信方法を指定しています。

　<label for="name">名前:</label>：フォームのラベルを定義します。for属性で対応するフォーム要素のIDを指定しています。このラベルは名前の入力フィールドに対応しています。

　<input type="text" id="name" name="name">：テキスト入力フィールドを作成します。type="text"はテキスト入力を指定し、id属性でラベルとの関連付け、name属性でフォームデータの名前を指定しています。

　<input type="submit" value="送信">：送信ボタンを作成します。type="submit"で、ボタンを押した際にフォームの内容が送信されるように指定します。value属性でボタンに表示されるテキストを指定しています。

　このサンプルソースでは、ユーザーが名前とメールアドレスを入力し、「送信」ボタンを押すと、フォームのデータがform.phpにPOSTメソッドで送信されるようになっています。

　それでは、次のレッスンから実際にフォームのパーツをマークアップしてみましょう。

Lesson 2 タイプ属性とテキストエリアタグ

学習のポイント
- ☑ type属性の値について学ぶ
- ☑ 複数行をあつかえるテキストエリアタグについて理解する

このレッスンではtype属性の値とテキストエリアタグについて学びます。

type属性には様々な値を指定することができます。また、指定した値によって制限があります。例えば、レッスン1で扱ったtype="email"を指定すると、メールアドレスの形式に合っているかを自動でチェックするため、ひらがなや漢字を入力することはできません。このように、それぞれの特性を把握し、適切な値を選ぶことで、ユーザービリティが向上します。

テキストエリアタグは、複数行のテキストを入力できるようにします。例えば、ブログ記事のコメント欄や、お問い合わせフォームのお問い合わせ内容などがあります。文字数が多くならないと想定される名前欄などは<input type="text">を使用するなど、用途によって使い分けましょう。

PART 7

値解説

text：テキストフィールド
password：パスワード入力欄。入力した文字は●や＊等、マスクされた状態で表示される
radio：ラジオボタン（一つのみ選択できる）
checkbox：チェックボックス（複数選択できる）

タグ解説

<textarea>
複数行のテキストフィールド

それでは<textarea>タグや値解説にあるtype属性の値を使ったサンプルで、それぞれのタグや値の位置を確認してみましょう。

》Lesson2 のサンプルソース

```html
<!DOCTYPE html>
<html lang="ja">
    <head>
        <title> 入力タグの例 </title>
    </head>
    <body>
        <h1> 入力タグの種類 </h1>
        <form action="form.php" method="post">
            <!-- テキスト -->
            <div>
                <label for="text"> テキスト :</label>
                <input type="text" id="text" name="text">
            </div>
            <!-- テキストエリア -->
            <div>
                <label for="textarea"> テキストエリア :</label>
                <textarea id="textarea" name="textarea"></textarea>
            </div>
            <!-- パスワード -->
            <div>
                <label for="password"> パスワード :</label>
                <input type="password" id="password" name="password">
            </div>
            <!-- ラジオボタン -->
            <div>
                <label> ラジオボタン :</label>
                <input type="radio" id="yes" name="radio" value="yes">Yes
                <input type="radio" id="no" name="radio" value="no">No
            </div>
            <!-- チェックボックス -->
            <div>
                <label> チェックボックス :</label>
                <input type="checkbox" id="apple" name="fruits" value="apple">
                <label for="apple"> りんご </label>
                <input type="checkbox" id="orange" name="fruits" value="orange">
                <label for="orange"> オレンジ </label>
            </div>
            <!-- 送信ボタン -->
```

```
            <div>
                <input type="submit" value=" 送信 ">
            </div>
        </form>
    </body>
</html>
```

```
<input type="text" id="text" name="text">
```

テキスト入力フィールド(type="text")は、一般的な単一行のテキストの入力に使用します。

```
<textarea id="textarea" name="textarea"></textarea>
```

テキストエリア (type="textarea")は、複数行のテキスト入力に使用します。

```
<input type="password" id="password" name="password">
```

パスワード入力フィールド (type="password")は、入力内容をマスクしたい場合に使用します。

```
<input type="radio" id="yes" name="radio" value="yes">Yes
<input type="radio" id="no" name="radio" value="no">No
```

ラジオボタン (type="radio")は、複数の選択肢から一つだけを選択するための要素です。同じname属性を持つラジオボタンは同じグループに属し、ユーザーはその中から一つだけを選択できます。

```
<input type="checkbox" id="apple" name="fruits" value="apple">
<label for="apple">りんご</label>
<input type="checkbox" id="orange" name="fruits" value="orange">
<label for="orange">オレンジ</label>
```

チェックボックス (type="checkbox")は、複数の選択肢から複数を選択するための要素です。name属性が同じであれば、複数のチェックボックスをグループとして扱います。label要素とfor属性を使って関連付けることで、テキストをクリック可能にしています。

PART
7

例題 13 お問い合わせフォームを作ってみよう

▶ 例題の目的

HTMLの<form>（フォーム）、<input>（入力フィールド）、<label>（ラベル）、<textarea>（テキストエリア）、<button>（ボタン）を使用して、基本的なお問い合わせフォームを作成する。

» reidai13.html の完成ソース

```
<!DOCTYPE html>
<html lang="ja">
    <head>
        <meta charset="UTF-8">
        <title> お問い合わせフォームを作ってみよう </title>
    </head>
    <body>
        <h1> お問い合わせフォーム </h1>
        <form action="form.php" method="post">
            <label for="name"> 名前 : </label>
            <input type="text" id="name" name="name">
            <br>
            <label for="email"> メールアドレス : </label>
            <input type="email" id="email" name="email">
            <br>
            <label for="message"> お問い合わせ内容 : </label>
            <textarea id="message" name="message"></textarea>
            <br>
            <button type="submit"> 送信 </button>
        </form>
    </body>
</html>
```

▶ ソースの注釈

<form action="form.php" method="post">：フォームの送信先と送信方法を指定します。

<input type="text">：テキストの入力フィールドを作成します。

<input type="email">：メールアドレスの入力フィールドを作成します。

<textarea>：お問い合わせ内容を入力するテキストエリアを作成します。

<button type="submit">：送信ボタンを作成します。

▶ 操作

① HTMLファイルをコピーし、ファイル名を変更する

「reidai12.html」をコピーし、ファイル名を「reidai13.html」に変更します。

② メモ帳でHTMLファイルを開き、ソースを変更する

「reidai13.htmlの完成ソース」を参考に、色文字になっている箇所を書き換え、不要な箇所は削除し、完成ソースと同じ内容になるように変更してください。

実際にメモ帳で作成したソース

```
<!DOCTYPE html>
<html lang="ja">
        <head>
                <meta charset="UTF-8">
                <title>お問い合わせフォームを作ってみよう</title>
        </head>
        <body>
                <h1>お問い合わせフォーム</h1>
                <form action="form.php" method="post">
                        <label for="name">名前：</label>
                        <input type="text" id="name" name="name">
                        <br>
                        <label for="email">メールアドレス：</label>
                        <input type="email" id="email" name="email">
                        <br>
                        <label for="message">お問い合わせ内容：</label>
                        <textarea id="message" name="message"></textarea>
                        <br>
                        <button type="submit">送信</button>
                </form>
        </body>
</html>
```

③ 変更したHTMLファイルを上書き保存する

④ 作成したHTMLファイルをブラウザで表示する

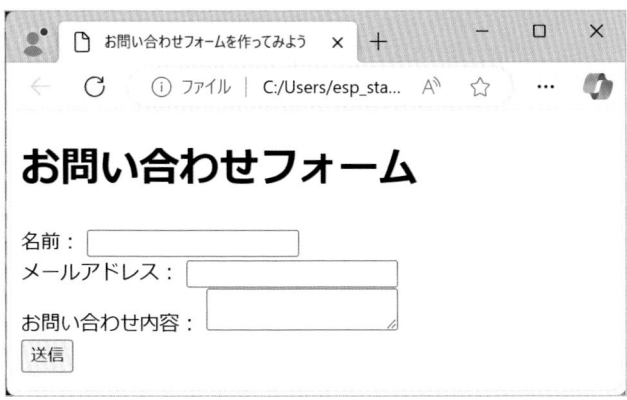

入力を補助する機能

- ☑ <label>タグを使用して、文字とパーツをセットにする方法を理解する
- ☑ maxlength属性を使用して、最大文字数を制限する方法を理解する

このレッスンでは、<label>タグの便利な使い方とmaxlength属性について学びます。

以下のような入力フォームがあった場合、チェックボックスの部分をクリックすることでチェックされますが、<label>タグを使用すると、文字部分をクリックしてもチェックすることができます。

□利用規約に同意する

属性解説

maxlength

入力可能な文字列の文字数を制限する

サンプルソース

```
<input type="password" name="password" maxlength="12">
```

以下はLesson2のサンプルソースにlabel要素を追加し、maxlength属性を反映させた場合のサンプルソースです。

※サンプルソースの一部を抜粋しています。

》Lesson3 のサンプルソース

```
<!-- パスワード -->
<div>
    <label for="password">パスワード:</label>
    <input type="password" id="password" name="password">
</div>
<!-- 同意チェック -->
<div>
    <label><input type="checkbox" name="agreement"> 利用規約に同意する </label>
</div>
```

例題 14 入力を補助する機能を追加しよう

例題の目的

\<label\>タグで入力パーツと文字をセットにし、使いやすくする。

reidai14.html の完成ソース

```html
<!DOCTYPE html>
<html lang="ja">
    <head>
        <meta charset="UTF-8">
        <title> 入力を補助する機能を追加しよう </title>
    </head>
    <body>
        <h1> お問い合わせフォーム </h1>
        <form action="form.php" method="post">
            <label for="name"> 名前： </label>
            <input type="text" id="name" name="name">
            <br>
            <label for="email"> メールアドレス： </label>
            <input type="email" id="email" name="email">
            <br>
            <label for="message"> お問い合わせ内容： </label>
            <textarea id="message" name="message" maxlength="500"></textarea>
            <br>
            <label><input type="checkbox" name="agreement"> 利用規約に同意する ⏎
</label>
            <br>
            <button type="submit"> 送信 </button>
        </form>
    </body>
</html>
```

ソースの注釈

maxlength属性を使用して、お問い合わせ内容を最大500文字に制限します。

\<input type="checkbox" name="agreement"\>：チェックボックスを作成します。

\<label\>：チェックボックスと「利用規約に同意する」を囲みます。

▶ 操作

① HTMLファイルをコピーし、ファイル名を変更する

「reidai13.html」をコピーし、ファイル名を「reidai14.html」に変更します。

② メモ帳でHTMLファイルを開き、ソースを変更する

「reidai14.htmlの完成ソース」を参考に、色文字になっている箇所を追加し、完成ソースと同じ内容になるように変更してください。

実際にメモ帳で作成したソース

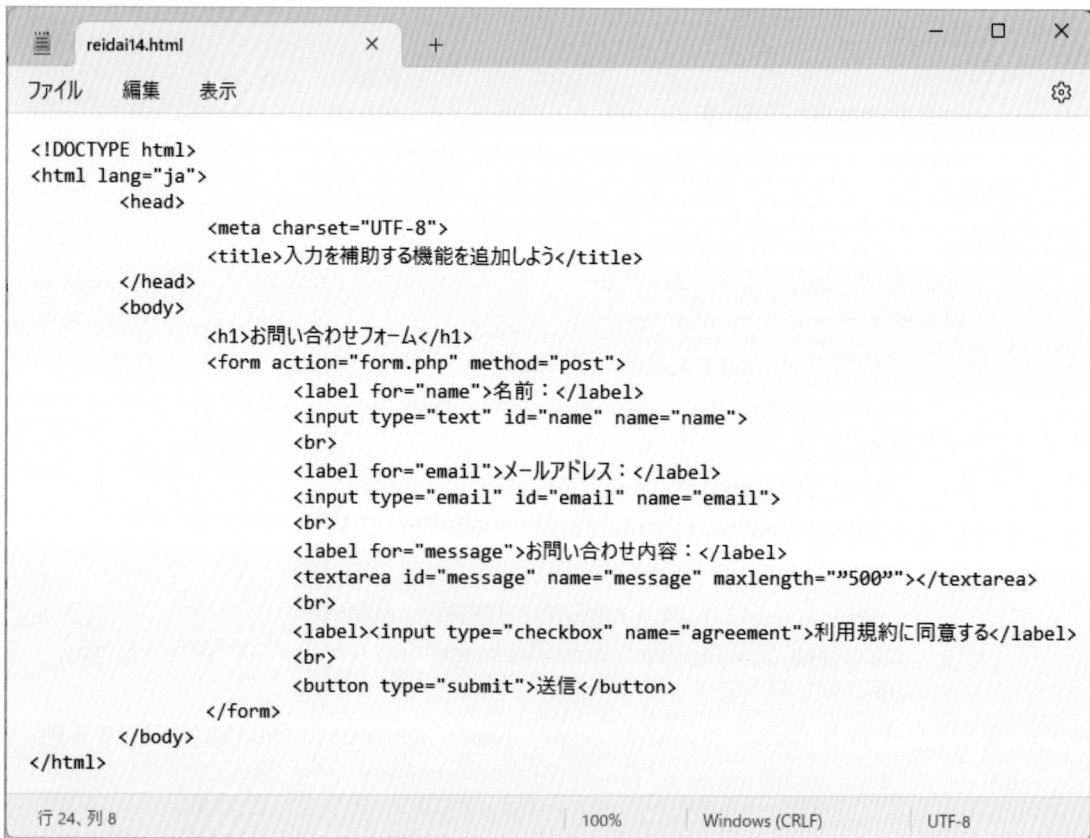

```
<!DOCTYPE html>
<html lang="ja">
        <head>
                <meta charset="UTF-8">
                <title>入力を補助する機能を追加しよう</title>
        </head>
        <body>
                <h1>お問い合わせフォーム</h1>
                <form action="form.php" method="post">
                        <label for="name">名前：</label>
                        <input type="text" id="name" name="name">
                        <br>
                        <label for="email">メールアドレス：</label>
                        <input type="email" id="email" name="email">
                        <br>
                        <label for="message">お問い合わせ内容：</label>
                        <textarea id="message" name="message" maxlength=""500""></textarea>
                        <br>
                        <label><input type="checkbox" name="agreement">利用規約に同意する</label>
                        <br>
                        <button type="submit">送信</button>
                </form>
        </body>
</html>
```

行 24、列 8　　　　100%　　　Windows (CRLF)　　　UTF-8

③ 変更したHTMLファイルを上書き保存する

④ 作成したHTMLファイルをブラウザで表示する

お問い合わせフォーム

名前：

メールアドレス：

お問い合わせ内容：

☐利用規約に同意する

送信

バリデーション

学習のポイント
- ☑ バリデーションの基本的な使い方を学ぶ
- ☑ 必須入力項目や入力制限を設定する方法を理解する

このレッスンでは、フォームのバリデーションについて詳しく説明します。バリデーションとは、フォームの入力内容が各項目の要件に合っているかをチェックすることです。バリデーションはフォームの入力ミスを防ぐために重要です。

例えば、Webサイトの入力フォームで入力必須な項目と、任意の項目にわかれている場合、必須項目を空欄で送信ボタンを押すと、エラーメッセージが表示されます。

※実際のWebサイトの入力フォームでは、セキュリティを高めるために、action属性の値に指定するプログラム側でバリデーションを行うことが一般的です。

属性解説

required
入力を必須にする

サンプルソース
```
<input type="text" name="name" value="name" required>
```

以下はLesson2のサンプルソースにrequired属性を反映させた場合のサンプルソースです。

※サンプルソースの一部を抜粋しています。

» Lesson4 のサンプルソース

```
<!-- テキスト -->
<div>
    <label for="text">テキスト :</label>
    <input type="text" id="text" name="text"  required>
</div>
```

15 フォームをチェックする機能を追加しよう

▶ 例題の目的

お問い合わせフォームに「バリデーション」を追加して、入力内容が適切であるかを確認する。

≫ reidai15.html の完成ソース

```html
<!DOCTYPE html>
<html lang="ja">
    <head>
        <meta charset="UTF-8">
        <title> 入力を補助する機能を追加しよう </title>
    </head>
    <body>
        <h1> お問い合わせフォーム </h1>
        <form action="form.php" method="post">
            <label for="name"> 名前：</label>
            <input type="text" id="name" name="name" required >
            <br>
            <label for="email"> メールアドレス：</label>
            <input type="email" id="email" name="email" required >
            <br>
            <label for="message"> お問い合わせ内容：</label>
            <textarea id="message" name="message" required ></textarea>
            <br>
            <label><input type="checkbox" name="agreement" required> 利用規約に↵
同意する </label>
            <br>
            <button type="submit"> 送信 </button>
        </form>
    </body>
</html>
```

▶ ソースの注釈

<input>タグ、<textarea>タグにそれぞれrequiredを追加します。

▶ 操作

1 HTMLファイルをコピーし、ファイル名を変更する

「reidai14.html」をコピーし、ファイル名を「reidai15.html」に変更します。

2 メモ帳でHTMLファイルを開き、ソースを変更する

「reidai15.htmlの完成ソース」を参考に、色文字になっている箇所を追加し、完成ソースと同じ内容になるように変更してください。

実際にメモ帳で作成したソース

```html
<!DOCTYPE html>
<html lang="ja">
        <head>
                <meta charset="UTF-8">
                <title>入力を補助する機能を追加しよう</title>
        </head>
        <body>
                <h1>お問い合わせフォーム</h1>
                <form action="form.php" method="post">
                        <label for="name">名前：</label>
                        <input type="text" id="name" name="name" required>
                        <br>
                        <label for="email">メールアドレス：</label>
                        <input type="email" id="email" name="email" required>
                        <br>
                        <label for="message">お問い合わせ内容：</label>
                        <textarea id="message" name="message" required></textarea>
                        <br>
                        <label><input type="checkbox" name="agreement" required>利用規約に同意する</label>
                        <br>
                        <button type="submit">送信</button>
                </form>
        </body>
</html>
```

3 変更したHTMLファイルを上書き保存する

4 作成したHTMLファイルをブラウザで表示する

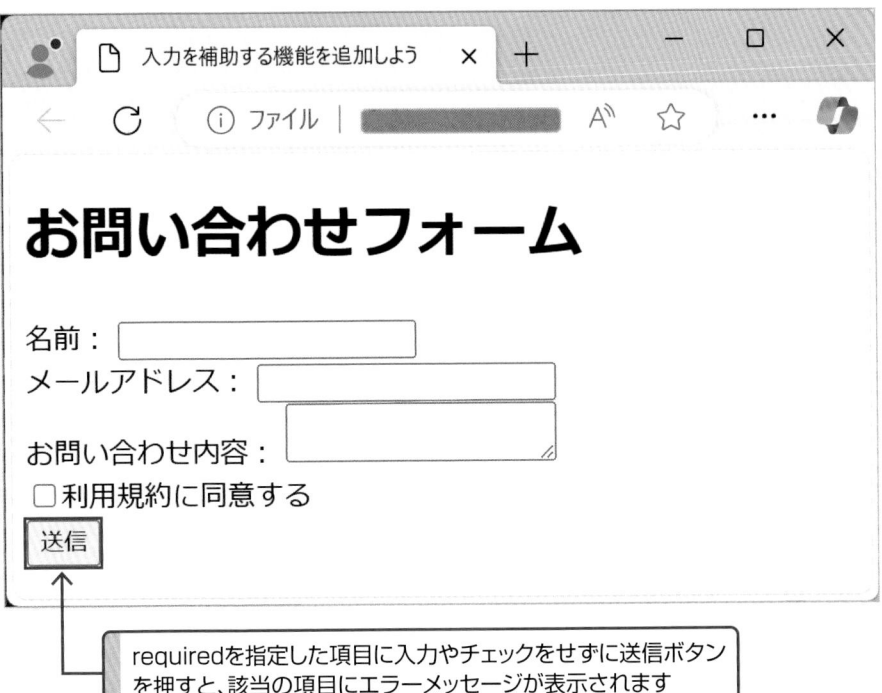

requiredを指定した項目に入力やチェックをせずに送信ボタン
を押すと、該当の項目にエラーメッセージが表示されます

演習問題 **31**

基本的なコンタクトフォームを作成する

ブラウザに次のように表示されるHTMLファイルを作成しなさい。

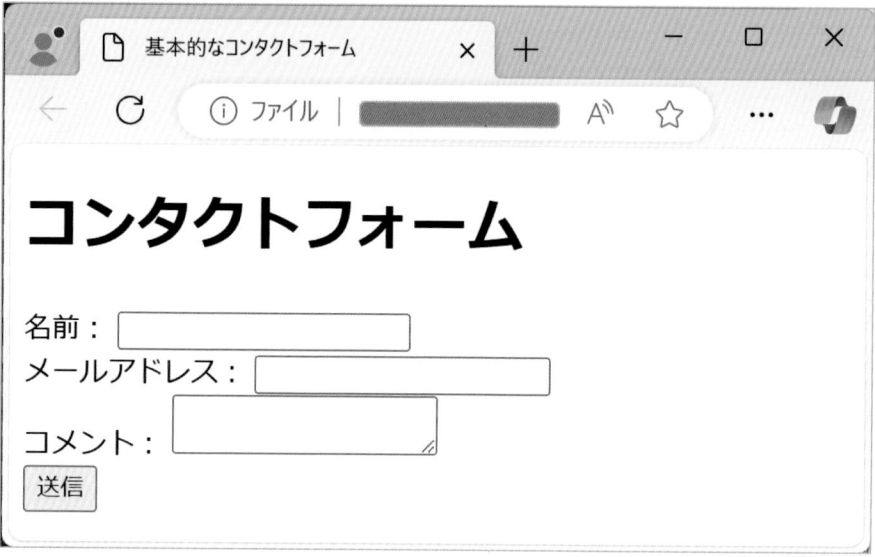

 ヒント
- `<form>`タグを使ってフォームを作成しましょう。
- それぞれの入力項目の前に、`<!-- -->`を使用して、コメントをいれましょう。
- `<label>`タグを使用して、項目名をいれましょう。
- それぞれの項目に最適なtype属性をいれましょう。
- コメントは`<textarea>`タグを使用して複数行入力できるようにしましょう。

演習問題 32

さまざまな種類の入力（テキスト、ラジオボタン、チェックボックスなど）を使用するフォームを作成する

ブラウザに次のように表示されるHTMLファイルを作成しなさい。

ヒント
- \<form\>タグを使ってフォームを作成しましょう。
- それぞれの入力項目の前に、\<!-- --\>を使用して、コメントをいれましょう。
- \<label\>タグを使用して、項目名をいれましょう。
- それぞれの項目に最適なtype属性をいれましょう。
- コメントは\<textarea\>タグを使用して複数行入力できるようにしましょう。

演習問題 **33**

文字と入力パーツをセットにする

ブラウザに次のように表示されるHTMLファイルを作成しなさい。

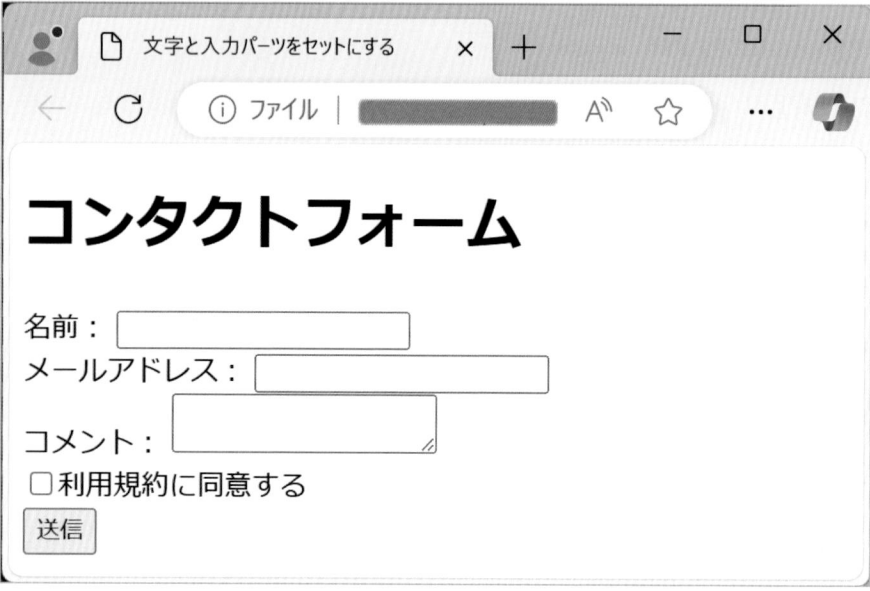

ヒント
- <form>タグを使ってフォームを作成しましょう。
- それぞれの入力項目の前に、<!-- -->を使用して、コメントをいれましょう。
- <label>タグを使用して、項目名をいれましょう。
- それぞれの項目に最適なtype属性をいれましょう。
- チェックボックスと利用規約に同意するを<label>タグで囲みましょう。
- コメントは<textarea>タグを使用して複数行入力できるようにしましょう。

演習問題 34

バリデーションを使用して、必須項目を設定する

ブラウザに次のように表示されるHTMLファイルを作成しなさい。

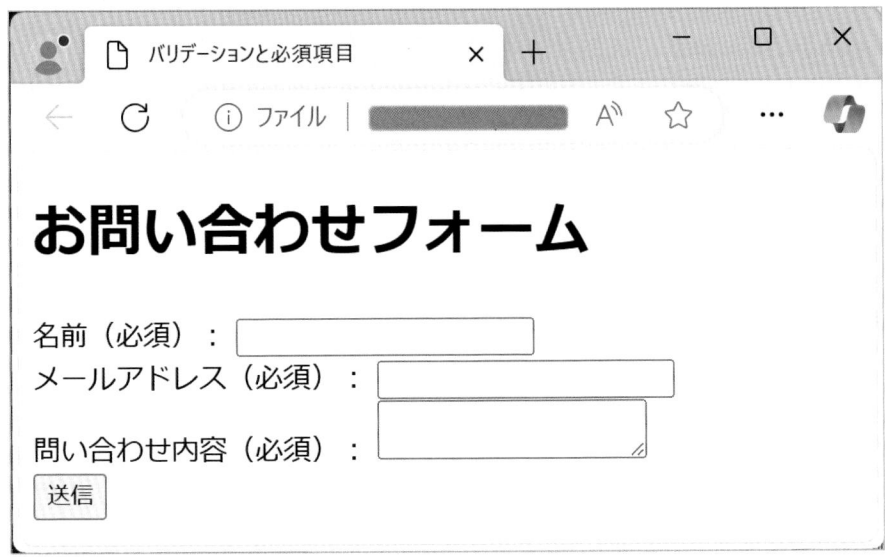

- `<form>`タグを使ってフォームを作成しましょう。
- それぞれの入力項目の前に、`<!-- -->`を使用して、コメントをいれましょう。
- `<label>`タグを使用して、項目名をいれましょう。
- それぞれの項目に最適なtype属性をいれましょう。
- 必須項目はrequired属性を追加しましょう。
- コメントは`<textarea>`タグを使用して複数行入力できるようにしましょう。

演習問題 **35**

バリデーションを使用して、入力文字数を制限する

ブラウザに次のように表示されるHTMLファイルを作成しなさい。

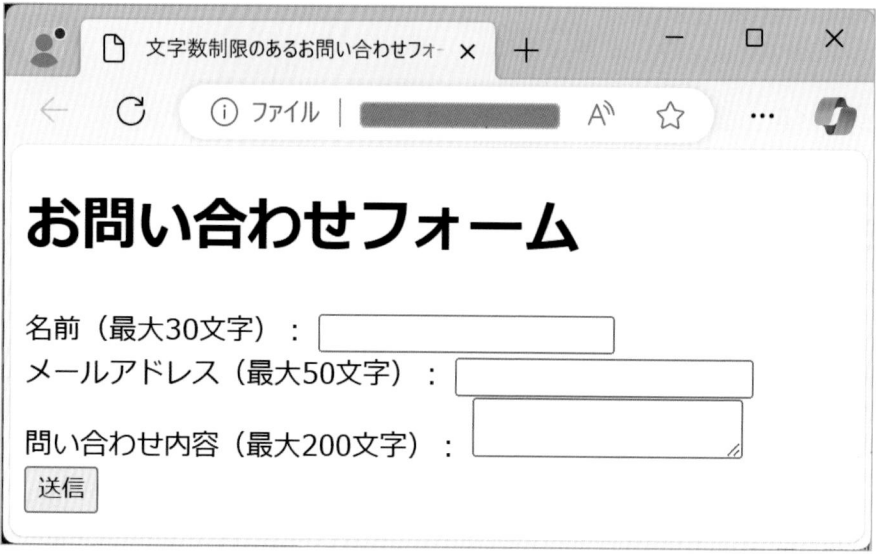

- \<form\>タグを使ってフォームを作成しましょう。
- それぞれの入力項目の前に、\<!-- --\>を使用して、コメントをいれましょう。
- \<label\>タグを使用して、項目名をいれましょう。
- それぞれの項目に最適なtype属性をいれましょう。
- maxlength属性を使用して、文字数を制限しましょう。
- コメントは\<textarea\>タグを使用して複数行入力できるようにしましょう。

PART8

CSSとは何か

学習の狙い

このパートでは、HTML文書のレイアウトやデザインを指定するために使用するCSS（Cascading Style Sheets）の概要や歴史、基本的な設定の方法について学びます。

Lesson

1

学習のポイント

CSSの定義

☑ CSS（Cascading Style Sheets）の基本的な概念を理解する
☑ HTMLとCSSがどのように連携するのかを学ぶ

　PART7まではHTML文書内の要素にタグで意味づけをする、基本のマークアップを学びました。

　PART8では、HTML文書の見た目（レイアウトやデザイン）を定義する、Cascading Style Sheets（カスケーディングスタイルシート）について学んでいきましょう。今後は頭文字をとってCSSと略して表記します。

　今まで作成してきた例題をブラウザで表示させると、背景は白、文字は黒、リンクは青となっていました。これは、ブラウザがそれぞれのタグに対して、基本となるスタイルを持っているからです。CSSを使用することにより、これらを例えば、背景は黒、文字は白、リンクは赤というように、個別に変更することができます。このように、見た目は変わったとしてもHTML文書の意味は変わりません。

　HTMLでは文書の意味や構造を定義するのに対し、CSSはレイアウトやデザインなどの「見た目」を定義するという、役割の違いを頭に入れておいてください。

　CSSの基本的な記述方法はセレクタ+宣言ブロックとなります。

サンプルソース

```
セレクタ {
    プロパティ: 値 ;
}
```

サンプルソース

```
h1 {
    color: #0000ff;
}
```

　詳しくは次のPART9で解説するので、ここではこのように記述するということを認識するだけでOKです。

　また、HTMLでCSSを読み込む詳しい方法については、Lesson 3で取り扱いますが、以下のサンプルソースでは、外部ファイルを読み込む方法を取っています。

```
<!DOCTYPE html>
<html lang="ja">
    <head>
        <meta charset="UTF-8">
        <title>CSS の例 </title>
        <link rel="stylesheet" href="style.css">
    </head>
    <body>
        <h1>CSS の基本 </h1>
        <p>CSS を使ってデザインを調整できます。</p>
    </body>
</html>
```

head要素内にlink要素で外部ファイルであるstyle.cssを指定します。

```
@charset "utf-8";
body {
    background-color: #112b5a;
}
h1 {
    font-size: 48px;
    color: #8fe1d3;
}
p {
    font-size: 24px;
    color: #fefea0;
}
```

PART
8

　@charset "utf-8";は、CSSファイルのエンコードがUTF-8であることを指定します。日本語の文字は、通常、UTF-8でエンコードされることが一般的です。CSSファイルでエンコードにUTF-8が指定されていない場合、文字化けや正しく表示されない可能性もあるため、指定するようにしましょう。

　また、この記述はスタイルシートの最初の要素である必要があり、これより前に文字を記述してはいけないルールになっています。

　body要素、h1要素、p要素に色を指定しています。色の指定方法は複数ありますが、RGB値を16進数（ 0から9までの数字とAからFまでのアルファベットの組み合わせ）で表した指定方法がよく使用されています。また、h1要素とp要素には、フォントサイズも設定しています。

CSS で見た目を装飾した HTML ファイルのサンプル画像

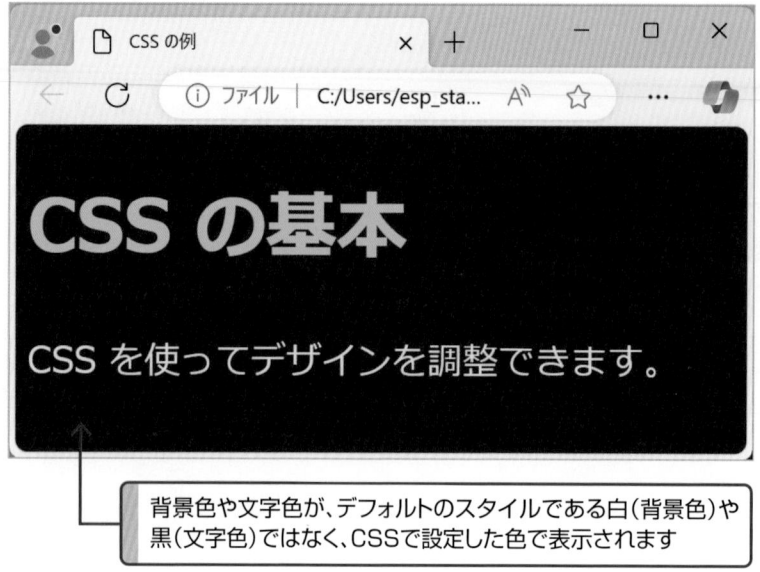

> 背景色や文字色が、デフォルトのスタイルである白（背景色）や
> 黒（文字色）ではなく、CSSで設定した色で表示されます

また、フォントサイズもデフォルトのスタイルより大きく表示されています。

CSS で見た目を設定していない HTML ファイルのサンプル画像

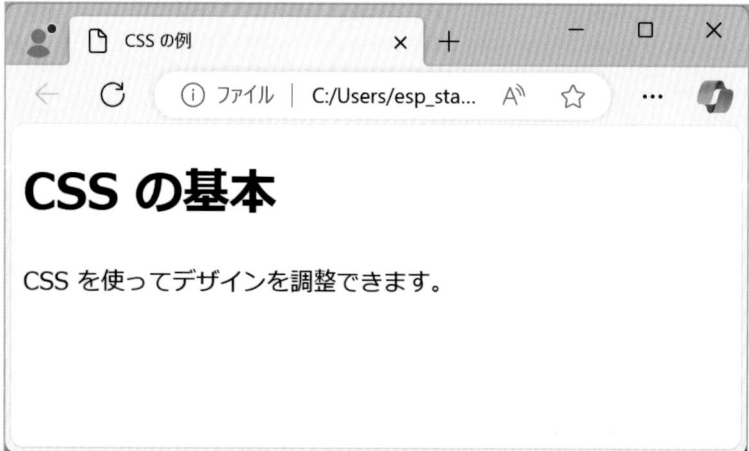

ブラウザが持つデフォルトのスタイルが適用されているため、背景色は白、文字の色は黒、フォントサイズも要素が持つ大きさで表示されます。

2

CSSの歴史

☑ CSSの発展の背景を理解する
☑ CSSがなぜ必要なのか、その重要性を把握する

CSSは、1996年にW3C（World Wide Web Consortium）によってCSS1が勧告されました。当初は簡単なスタイリングが可能でしたが、CSS3が使用されている現在では、レスポンシブデザイン、アニメーション、さらには3D変換まで対応しています。

以下で、レベルごとの特徴を振り返ってみましょう。

1. CSS 1 (1996年に発表):

HTML4と同時に発表され、フォント、色、マージン、パディングなど、基本的なスタイリング機能が提供されました。

2. CSS 2 (1998年に発表、2011年にCSS2.1を発表):

アクセスしたデバイスごとに自動的にCSSを変更、音声ブラウザの対応など、CSS1に比べて様々な機能が提供されました。しかし、CSS2はブラウザごとの互換性が低く、互換性の改善やエラーを解決するために2011年にCSS2.1が発表されました。

3. CSS 3 (2011年以降):

CSS2.1を元にCSSのモジュール化が導入され、新しい機能が段階的に導入されるようになりました。フレックスボックス、グリッドなどの新しいレイアウトモデルや、テキスト効果、アニメーション、変形などの追加機能が提供されています。

続いて、CSSの必要性や重要性について見ていきましょう。

Lesson1でCSSを使用したHTMLのサンプル画像を見ると、CSSで定義した背景色、文字色に変わったことがわかります。

CSSを外部ファイルとして持つことのメリットは、デザインを一括で管理できることです。

例えば100ページのWebサイトが合ったとします。各種タグにstyle属性を用いて直接指定する方法を取っていた場合、本文の文字サイズを変更するには、100ページ全てのHTMLファイルを修正する必要があります。それに対して、外部ファイルとして一つのCSSファイルにまとめて管理しておけば、該当の1箇所を修正するだけで、全ページへ修正が反映されます。

CSSを外部ファイル化することで、HTML文書自体はシンプルでわかりやすくすることができます。

CSSは、HTMLだけでは表現力に限界があったWebページの見た目をより豊かにするために開発

PART

8

されました。これにより、デザインと文書が分離され、効率的なウェブデザインが可能となりました。

　CSSのレベルはこれまで何度もアップデートされてきました。現在はCSS3が一般的に使用されていますが、将来的には更なる機能が追加されるでしょう。そして、新しいレベルのCSSがリリースされた際は、ブラウザの互換性を考慮する必要があります。最新の機能を使用する場合は、それが全てのブラウザでサポートされているか確認し、ユーザーの使用端末によって受け取る情報の差が出ないようにしましょう。

CSSをHTMLで読み込むには

学習のポイント

☑ CSSをHTMLに適用する基本的な方法を理解する
☑ <link>タグ、<style>タグ、そしてインラインスタイルの使い方を学ぶ

このレッスンでは、CSSをHTMLにどのように読み込むのかについて詳しく説明します。
CSSをHTMLで読み込むには、以下の3つの方法があります。

❶ 各種タグに、style属性で指定する方法（インライン）

各要素に直接style属性を追加して、その中にCSSを記述します。

❷ head要素内に、style要素で指定する方法（内部CSS）

<head>タグ内に<style>タグを挿入し、その中にCSSを記述します。

❸ 外部ファイルとして、head要素内にリンクを設定する方法（外部CSS）

<head>タグ内に<link rel="stylesheet" href="ファイル名.css">と記述します。

PART **8**

このPARTの例題や演習問題では❶～❸全ての方法を取扱いますが、次のPART9からは全て❸の外部ファイルを使用します。

それでは、h1要素の文字色に青を指定する場合、❶～❸それぞれのサンプルソースを見ていきましょう。

》 Lesson3 のサンプルソース　❶インライン

```
<!DOCTYPE html>
<html lang="ja">
    <head>
        <meta charset="UTF-8">
        <title> CSS を HTML で読み込むには </title>
    </head>
    <body>
        <h1 style="color: #0000ff;"> 文字の色を青にします </h1>
    </body>
</html>
```

» Lesson3 のサンプルソース　❷内部CSS

```
<!DOCTYPE html>
<html lang="ja">
    <head>
        <meta charset="UTF-8">
        <title> CSS を HTML で読み込むには </title>
        <style>
            h1 {
                color: #0000ff;
            }
        </style>
    </head>
    <body>
        <h1> 文字の色を青にします </h1>
    </body>
</html>
```

» Lesson3 のサンプルソース　HTML　❸外部CSS

```
<!DOCTYPE html>
<html lang="ja">
    <head>
        <meta charset="UTF-8">
        <title> CSS を HTML で読み込むには </title>
        <link rel="stylesheet" href="style.css">
    </head>
    <body>
        <h1> 文字の色を青にします </h1>
    </body>
</html>
```

» Lesson3 のサンプルソース　CSS　❸外部CSS

```
@charset "utf-8";

    h1 {
        color: #0000ff;
    }
```

例題 16 CSS用のファイルを作り、HTMLからリンクしよう

▶ 例題の目的

独立したCSSファイルを作成し、HTMLファイルからそのCSSを読み込む方法を学ぶ。

≫ reidai16.css の完成ソース

```
@charset "utf-8" ;
/* 例題16 の CSS */
h1 {
    color: #ff0000;
}
p {
    color: #0000ff;
}
```

▶ ソースの注釈

@charsetで、スタイルシートで使う文字エンコーディングを定義します。スタイルシートの最初の要素である必要があるので、一番上に記述します。これより前に文字を記述してはいけないルールになっています。

/* 例題16で使用するCSS */ とコメントをいれています。htmlのコメントは<!-- -->で囲みましたが、CSSでは/* */を使用します。後ほど、PART9でも詳しく解説します。

colorで文字色を指定します。ここでは、h1要素に#ff000（赤）、p要素に#0000ff（青）を指定しています。

▶ 操作

1 [myhtml]フォルダーに[css]フォルダーを作成する

今後、CSSファイルは全てここに保存していきます。フォルダの作成方法については、77ページも参照ください。

2 メモ帳を立ち上げる

3 CSS文書を入力する

「reidai16.cssの完成ソース」を参考に記述してください。

実際のメモ帳で作成したソース

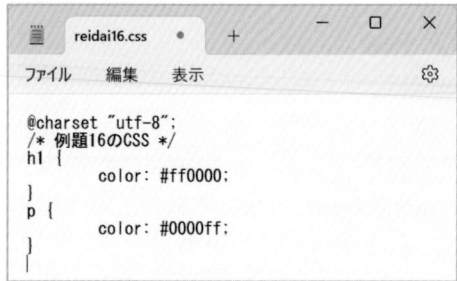

HTMLファイルがあるmyhtmlフォルダーの中にCSSフォルダーを作成し、そのCSSフォルダーの中にCSSファイルを保存します。拡張子は.cssです。

④ **CSSファイルとして保存する**

文字コードをutf-8に指定し、reidai16.cssの名前で[css]フォルダーの中に保存します。

⑤ **メモ帳を終了する**

⑥ **フォルダーが作成されたことを確認する**

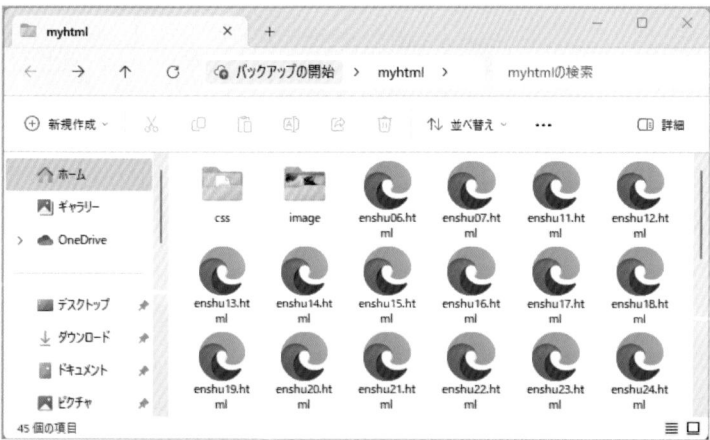

» **reidai16.html の完成ソース**

```
<!DOCTYPE html>
<html lang="ja">
<head>
    <meta charset="UTF-8">
    <title>CSS 用のファイルを作り、HTML からリンクしよう </title>
    <link rel="stylesheet" href="css/reidai16.css">
</head>
<body>
    <h1>CSS ファイルを作成する </h1>
    <p> 外部ファイルとして head 要素内にリンクを設定します。</p>
</body>
</html>
```

▶ ソースの注釈

`<link rel="stylesheet" href="css/reidai16.css">`：reidai16.cssにリンクを設定しています。

▶ 操作

1 HTMLファイルをコピーし、ファイル名を変更する

「reidai15.html」をコピーし、ファイル名を「reidai16.html」に変更します。

2 メモ帳でHTMLファイルを開き、ソースを変更する

「reidai16.htmlの完成ソース」を参考に、色文字になっている箇所を追加し、完成ソースと同じ内容になるように変更してください。

実際にメモ帳で作成したソース

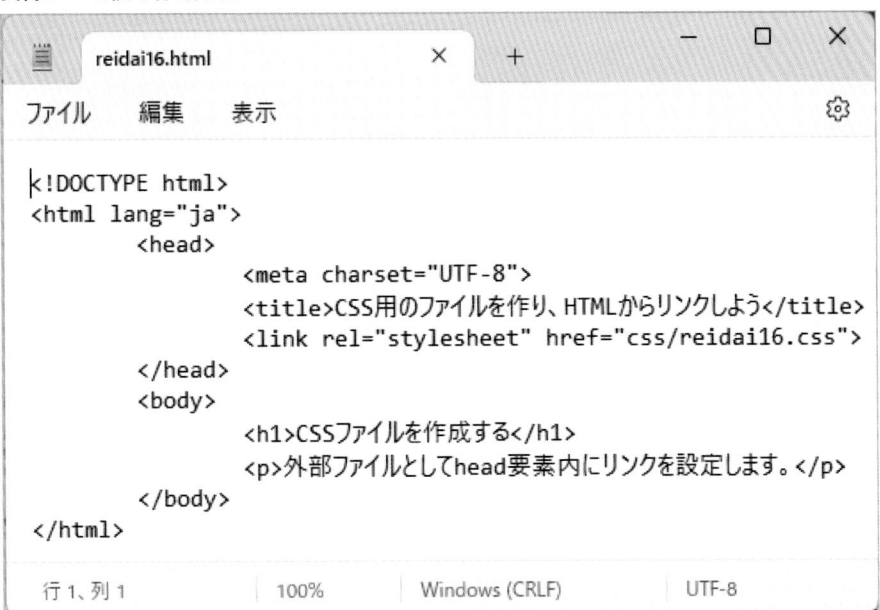

3 変更したHTMLファイルを上書き保存する

4 作成したHTMLファイルをブラウザで表示する

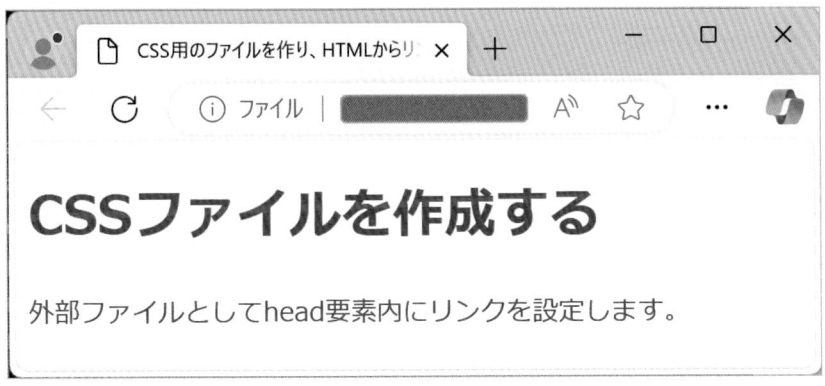

CSSがウェブデザインにどのように影響を与えたかを調査する

調査結果を箇条書き、または100文字程度で書いてみましょう。

- CSSの歴史を確認してみましょう。

演習問題 37

CSSの基本的な構文を書く

ブラウザに次のように表示されるHTMLファイルを作成しなさい。

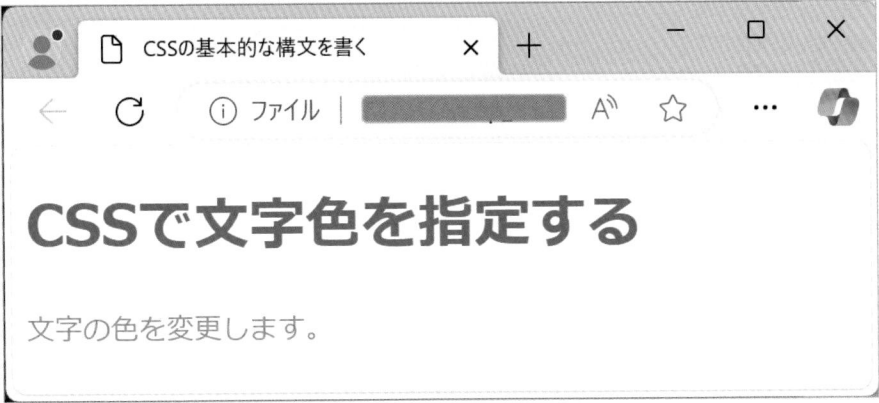

- enshu37.cssファイルを作成し、htmlファイルからリンクしましょう。
- h1には#008000（緑色）を指定しましょう。
- pには#ff8c00（オレンジ色）を指定しましょう。

PART
8

インラインスタイルシートを使用する

ブラウザに次のように表示されるHTMLファイルを作成しなさい。

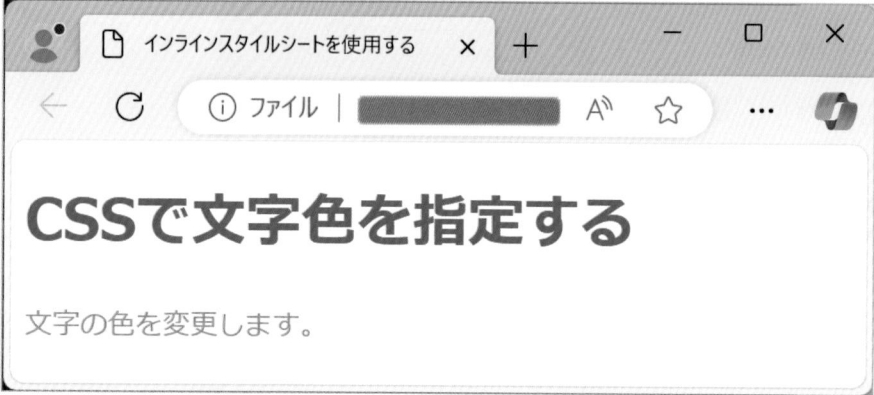

- 演習問題37ではcssファイルにリンクしましたが、ここでは各要素に直接style属性で値を設定しましょう。
- h1には#008000（緑色）を指定しましょう。
- pには#ff8c00（オレンジ色）を指定しましょう。

内部スタイルシートを使用する

ブラウザに次のように表示されるHTMLファイルを作成しなさい。

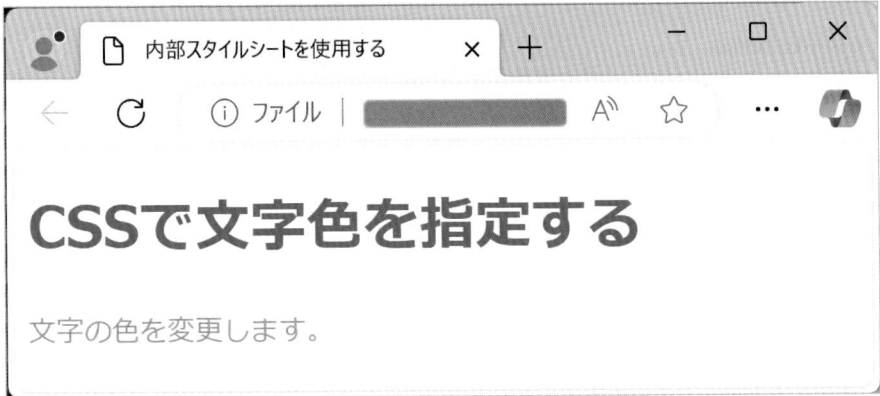

- 演習問題38では各要素に直接style属性で値を設定しましたが、ここではhead要素内にstyle要素を指定しましょう。
- h1には#008000（緑色）を指定しましょう。
- pには#ff8c00（オレンジ色）を指定しましょう。

PART
8

演習問題 **40**

外部スタイルシートを使用する

ブラウザに次のように表示されるHTMLファイルを作成しなさい。

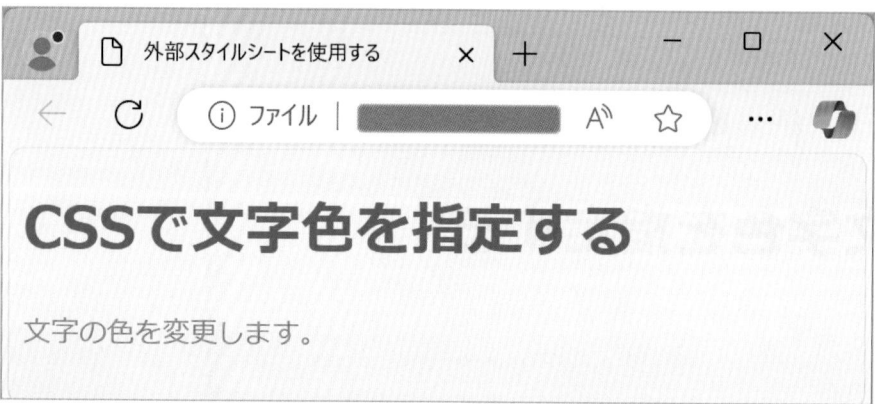

- enshu40.cssファイルを作成し、htmlファイルからリンクしましょう。
- bodyには、背景色（background-color）#faf9e4を指定しましょう
- h1には#008000（緑色）を指定しましょう。
- pには#ff8c00（オレンジ色）を指定しましょう。

PART 9

CSSセレクタと
プロパティ

学習の狙い

このパートでは、CSSを記述するために必要なセレクタや
宣言ブロック、宣言ブロック内で指定するプロパティ（属
性）やバリュー（値）について学びます。

CSSセレクタ

学習のポイント

☑ セレクタの基本的な種類とその使い方を理解する

☑ セレクタがどのようにHTML要素を対象とするのかを学ぶ

このレッスンでは、CSSセレクタについて解説します。

CSSの基本的な記述方法はセレクタ+宣言ブロックです。

セレクタとはCSSで指定したい対象を指します。プロパティ(属性)とは、背景、位置、色などのスタイルであり、値とはカラーコードや数値を指します。

宣言ブロックは{ではじまり}で閉じます。宣言ブロック内には、プロパティと値が必要になります。プロパティと値は:で区切り、値の最後には;を記述します。

以下に、主なセレクタとCSSとhtmlのサンプルソースを紹介します。

1. 要素セレクタ

特定のHTML要素を指定します。

```
CSS
h1 {
    color: #0000ff;
}
HTML
<h1> 要素セレクタについて </h1>
```

2. クラスセレクタ

HTML要素に設定したクラス名を使用して、特定のクラスに属する要素を指定します。クラスセレクタは複数の要素に同じスタイルを適用する際に便利です。

```
CSS
.classname {
    color: #0000ff;
}
HTML
<p class="classname"> クラスセレクタの指定方法 </p>
```

3. IDセレクタ

HTML要素に設定したID名を使用して、特定のIDを持つ要素を指定します。

一つのページ内で同じIDは一つしか使えない点に注意してください。

```
CSS
#idname {
    color: #0000ff;
}
HTML
<div id="idname">
    <h1>PART9　CSS セレクタ </h1>
    <p> このレッスンでは、CSS セレクタについて解説します。</p>
</div>
```

4. 擬似クラス

特定の状態にある要素を選択します。擬似クラスはコロン（:）で始まり、その後に擬似クラスの名前が続きます。

```
CSS
a:hover {
    color: #ff0000;
}
input:focus {
    border: 1px solid #66b2ff;
}
```

:hover：a要素にユーザーがマウスを載せた際の色を指定しています。

:focus：input要素がフォーカスされた際の枠線の太さや色を指定しています。

擬似クラスはこれらの他に:active（クリック時）、:checked（ラジオボタン、チェックボックスがチェックされた状態の時）など多数あります。

要素セレクタとクラスセレクタを使ってみよう

▶ 例題の目的

CSSの要素セレクタとクラスセレクタの基本的な使い方を学ぶ。

» reidai17.html の完成ソース

```html
<!DOCTYPE html>
<html lang="ja">
    <head>
        <meta charset="UTF-8">
        <title>要素セレクタとクラスセレクタを使ってみよう</title>
        <link rel="stylesheet" href="css/reidai17.css">
    </head>
    <body>
        <h1>要素セレクタの例</h1>
        <p class="highlight">クラスセレクタの例</p>
    </body>
</html>
```

» reidai17.css の完成ソース

```css
@charset "utf-8";
/* 例題 17 の CSS */
h1 {
    color: #ff0000;
}
.highlight {
    font-weight: bold;
}
```

▶ ソースの注釈

(HTML)

p要素にクラスセレクタ.highlightを指定しています。

(CSS)

h1は要素セレクタで、全ての<h1>要素に赤色のテキストを適用しています。

.highlightはクラスセレクタで、class="highlight"と指定された要素に文字の太さ（font-weight）

に太字（bold）を適用しています。

▶ 操作

(HTML)

1　HTMLファイルをコピーし、ファイル名を変更する

「reidai16.html」をコピーし、ファイル名を「reidai17.html」に変更します。

2　メモ帳でHTMLファイルを開き、ソースを変更する

「reidai17.htmlの完成ソース」を参考に、色文字になっている箇所を変更し、完成ソースと同じ内容になるように変更してください。

実際にメモ帳で作成したソース

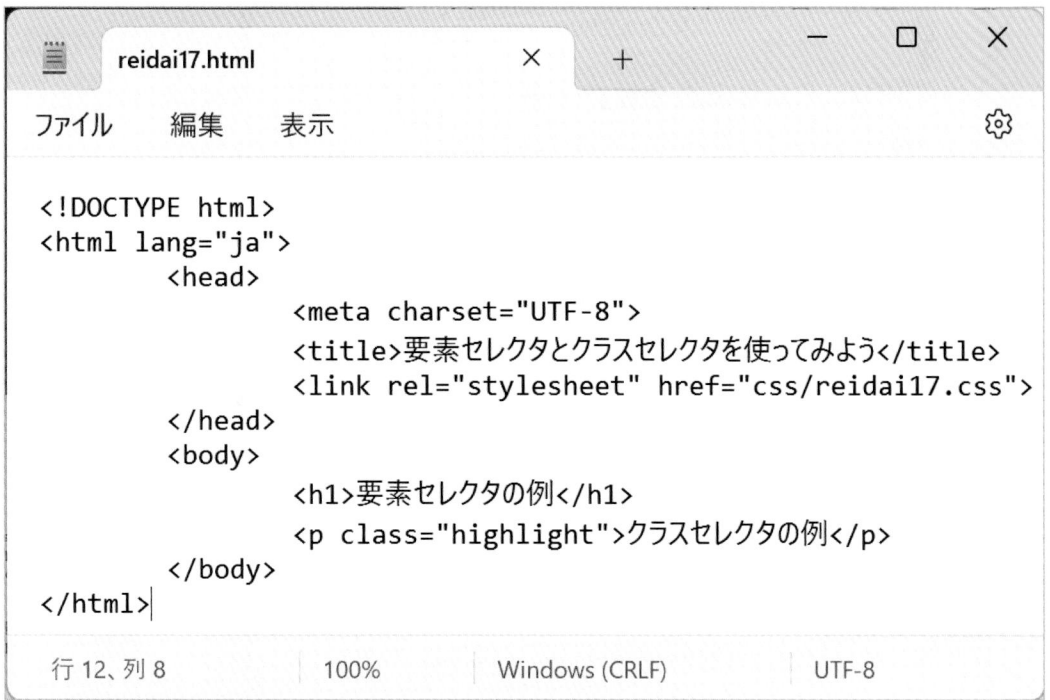

```
<!DOCTYPE html>
<html lang="ja">
    <head>
            <meta charset="UTF-8">
            <title>要素セレクタとクラスセレクタを使ってみよう</title>
            <link rel="stylesheet" href="css/reidai17.css">
    </head>
    <body>
            <h1>要素セレクタの例</h1>
            <p class="highlight">クラスセレクタの例</p>
    </body>
</html>
```

3　変更したHTMLファイルを上書き保存する

(CSS)

1　CSSファイルをコピーし、ファイル名を変更する

「reidai16.css」をコピーし、ファイル名を「reidai17.css」に変更します。

2　メモ帳でCSSファイルを開き、ソースを変更する

「reidai17.cssの完成ソース」を参考に、色文字になっている部分を変更し、不要な部分は削除してください。

実際にメモ帳で作成したソース

```
@charset "utf-8";
/* 例題17のCSS */
h1 {
        color: #ff0000;
}
.highlight {
        font-weight: bold;
}
```

③ 変更したCSSファイルを上書き保存する

(表示の確認)

① 作成したHTMLファイルをブラウザで表示する

要素セレクタの例

クラスセレクタの例

Lesson 2 プロパティと値

☑ プロパティと値の基本的な概念を理解する
☑ さまざまなプロパティとその値の使い方を学ぶ

このレッスンでは、CSSで使用するプロパティと値について学びます。

基本的な記述方法についてはLesson1で解説したので、以下のサンプルソースでプロパティと値について確認しましょう。

サンプルソース

```
p {
    color: #0000ff;
    font-size: 16px;
    margin: 10px;
}
```

要素セレクタでp要素を指定しています。

宣言ブロック内のプロパティと値はそれぞれ3つあります。このように、ひとつの要素に対し、複数のプロパティと値を設定することができます。

プロパティ	値
1. color	1. #0000ff
2. font-size	2. 16px
3. margin	3. 10px

このサンプルソースでは、p要素全てに対して、文字の色を#0000ff（青）、フォントの大きさを16px、マージンを10pxとしています。

フォントサイズの指定でここではpxを指定していますが、%やemでも指定することができます。pxはブラウザの文字基準サイズに関係なく大きさを指定します。%はブラウザの文字基準サイズを100%、emはブラウザの文字基準サイズを1emとして大きさを指定します。

マージンは、要素の外側の余白を指定します。要素とその周囲の要素との間隔を調整するのに使用され、それぞれの方向（上、右、下、左）に個別に指定することもできます。今回は方向を指定していないので、全ての方向に同じマージンを指定したことになります。

PART
9

例題 18 ページを装飾してみよう

▶ 例題の目的

CSSのプロパティと値を使用して、ページ全体を装飾する。

≫ reidai18.html の完成ソース

```html
<!DOCTYPE html>
<html lang="ja">
    <head>
        <meta charset="UTF-8">
        <title> カフェの飲み物 </title>
        <link rel="stylesheet" href="css/reidai18.css">
    </head>
    <body>
        <h1> カフェのおすすめメニュー </h1>
        <p> 当店自慢の特製水出しアイスコーヒーは、まろやかな味と香りが楽しめます。</p>
        <p class="highlight"> また、季節の果物とたっぷりの野菜をミックスしたグリーン↵
スムージーもおすすめです。ぜひお試しください！ </p>
        <p> 営業時間：平日 8:00 - 20:00 / 土日祝 10:00 - 18:00</p>
    </body>
</html>
```

≫ reidai18.css の完成ソース

```css
@charset "utf-8";
/* 例題 18 の CSS */
body {
    background-color: #f8f1e5;
    font-family: sans-serif;
    padding: 20px;
}
h1 {
    color: #5e3c58;
    text-align: center;
}
p {
    color: #2d3a35;
    line-height: 1.6;
```

```
    margin-bottom: 15px;
 }
.highlight {
    color: #b9525c;
    font-weight: bold;
}
```

▶ ソースの注釈

(HTML)

p要素にクラスセレクタ.highlightを指定しています。

(CSS)

body、h1、pは要素セレクタです。

bodyのプロパティはbackground-colorで全体の背景色、font-familyでフォント、paddingでページの内側の余白を指定しています。

h1のプロパティはcolorで文字色、text-alignで中央揃えを指定しています。

pのプロパティはcolorで文字色、line-hightで行の高さ、margin-bottomで段落の下の余白を指定しています。

.highlightはクラスセレクタです。

プロパティはcolorで文字色、font-weightで太字を指定しています。

▶ 操作

(HTML)

① HTMLファイルをコピーし、ファイル名を変更する

「reidai17.html」をコピーし、ファイル名を「reidai18.html」に変更します。

② メモ帳でHTMLファイルを開き、ソースを変更する

「reidai18.htmlの完成ソース」を参考に、色文字になっている箇所を変更し、完成ソースと同じ内容になるように変更してください。

実際にメモ帳で作成したソース

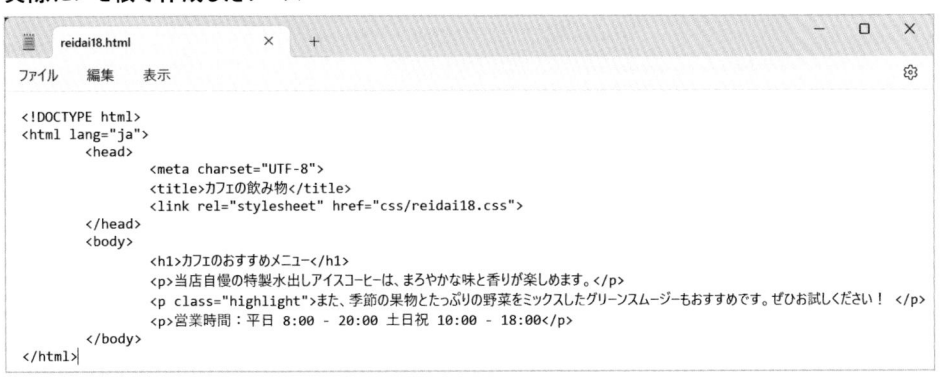

3 変更したHTMLファイルを上書き保存する

(CSS)

1 CSSファイルをコピーし、ファイル名を変更する

「reidai17.css」をコピーし、ファイル名を「reidai18.css」に変更します。

2 メモ帳でCSSファイルを開き、ソースを変更する

「reidai17.cssの完成ソース」を参考に、色文字になっている部分を変更・追加をしてください。

実際にメモ帳で作成したソース

```
@charset "utf-8";
/* 例題18のCSS */
body {
        background-color: #f8f1e5;
        font-family: sans-serif;
        padding: 20px;
}
h1 {
        color: #5e3c58;
        text-align: center;
}
p {
        color: #2d3a35;
        line-height: 1.6;
        margin-bottom: 15px;
}
.highlight {
        color: #b9525c;
        font-weight: bold;
}|
```

3 変更したCSSファイルを上書き保存する

(表示の確認)

1 作成したHTMLファイルをブラウザで表示する

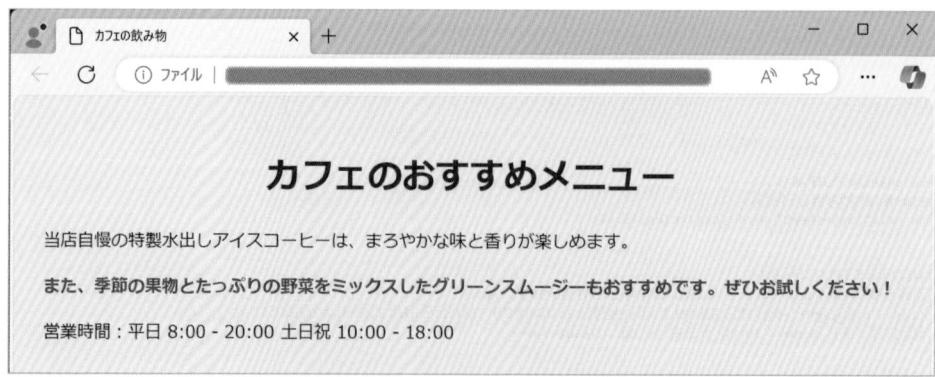

コメント

学習のポイント ☑ コメントの基本的な概念を理解する
☑ CSS内でコメントを書く方法を学ぶ

　このレッスンでは、CSSの中でコメントを使用する方法について学びます。HTML同様マークアップしたソースコードに、メモや説明を追加することができます。

　さっそくサンプルソースを見てみましょう。

サンプルソース

```css
/* この部分にコメントを追加します */
p {
    color: #0000ff; /* テキストの色を青に設定 */
}
```

　htmlのコメントは<!-- -->を使用しましたが、CSSでは/* */を使用します。複数行にわたってコメントをすることも可能です。

サンプルソース

```css
/*
    コメントは複数行にすることができます。
    CSS の説明やメモを記述するために使用します。
*/
body {
    background-color: #f0f0f0;   /* 背景色を設定します */
}
```

　コメントはコードの読みやすさや保守性（追加・変更・削除など）を高めます。しかし、過度に使用するとかえって読みやすさや保守性が低くなるため、必要な場所にのみいれるようにしましょう。

例題 19 CSSにコメントを追加しよう

▶ 例題の目的

CSS内にコメントを追加して、コードをわかりやすくする。

》 reidai19.css の完成ソース

```css
@charset "utf-8";
/* 例題 19 の CSS */
body {
    background-color: #f8f1e5; /* ページ全体の背景色を指定 */
    font-family: sans-serif; /* フォントファミリーの指定 */
    padding: 20px; /* ページの内側の余白を追加 */
}
h1 {
    color: #5e3c58; /* 見出しの文字色を指定 */
    text-align: center; /* 見出しを中央揃えにする */
}
p {
    color: #2d3a35; /* 段落の文字色を指定 */
    line-height: 1.6; /* 行の高さを調整 */
    margin-bottom: 15px; /* 段落の下の余白を追加 */
}
/* 特定のクラスに対するスタイル */
.highlight {
    color: #b9525c; /* 文字色を指定 */
    font-weight: bold; /* 太字にする */
}
```

▶ ソースの注釈

(CSS)

例題18で作成したcssに/* */でコメントをいれています。

▶ 操作

(HTML)

1 **HTMLファイルをコピーし、ファイル名とCSSへのリンクを変更する**

「reidai18.html」をコピーし、ファイル名を「reidai19.html」に変更します。コピーして作成した

reidai19.htmlのソース内で、reidai18.cssにリンクしているのをreidai19.cssに変更してください。

(CSS)

1 CSSファイルをコピーし、ファイル名を変更する。

「reidai18.css」をコピーし、ファイル名を「reidai19.css」に変更します。

2 メモ帳でCSSファイルを開き、ソースを変更する

「reidai19.cssの完成ソース」を参考に、色文字になっている部分を変更・追加をしてください。

実際にメモ帳で作成したソース

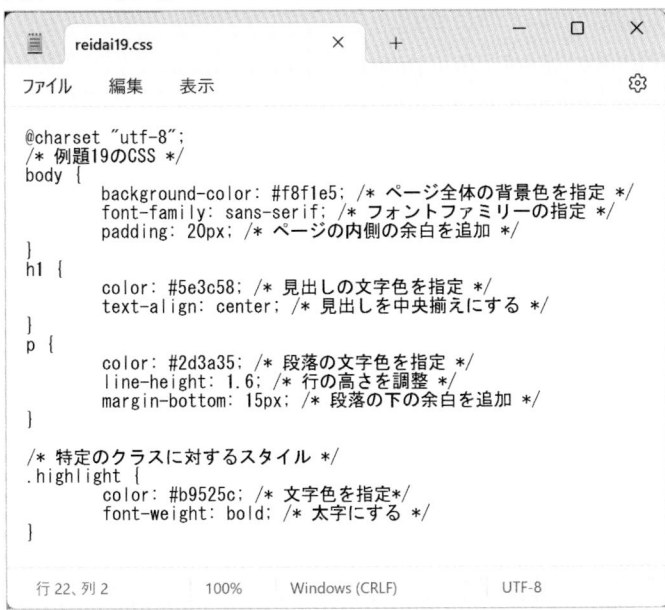

```
@charset "utf-8";
/* 例題19のCSS */
body {
        background-color: #f8f1e5; /* ページ全体の背景色を指定 */
        font-family: sans-serif; /* フォントファミリーの指定 */
        padding: 20px; /* ページの内側の余白を追加 */
}
h1 {
        color: #5e3c58; /* 見出しの文字色を指定 */
        text-align: center; /* 見出しを中央揃えにする */
}
p {

        color: #2d3a35; /* 段落の文字色を指定 */
        line-height: 1.6; /* 行の高さを調整 */
        margin-bottom: 15px; /* 段落の下の余白を追加 */
}

/* 特定のクラスに対するスタイル */
.highlight {
        color: #b9525c; /* 文字色を指定*/
        font-weight: bold; /* 太字にする */
}
```

行 22、列 2 | 100% | Windows (CRLF) | UTF-8

3 変更したCSSファイルを上書き保存する

(表示の確認)

1 作成したHTMLファイルをブラウザで表示する

実際にメモ帳で作成したソース

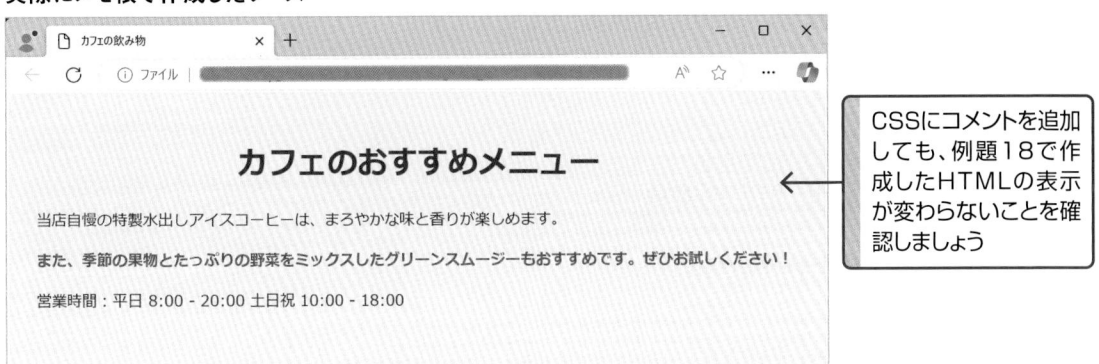

> CSSにコメントを追加
> しても、例題18で作
> 成したHTMLの表示
> が変わらないことを確
> 認しましょう

Lesson 4 カラー

☑ 色の指定方法は複数あることを理解する
☑ CSSで色を設定する方法を学ぶ

このレッスンでは、CSSで色を設定する方法について学びます。

ここまで主に色の設定に16進数を使用してきましたが、色の指定方法は複数あります。

キーワードでの指定

値にキーワードを指定する方法です。

サンプルソース

```
h1 {
    color: red; /* 赤色 */
}
```

- black: 黒色
- white: 白色
- grayまたはgrey: 灰色
- green: 緑色
- blue: 青色

なども使用できます。その他のキーワードについて、巻末に付録2としてキーワードで指定できる色一覧を掲載しているので、参照ください。

RGB値での指定

値にRGB（Red, Green, Blue）を指定する方法です。RGBは光の三原色を用いた色の指定方法で、赤、緑、青の各成分の強さを0から255の範囲で指定します。

サンプルソース

```
h1 {
    color: rgb(255, 0, 0); /* 赤色 */
}
```

RGBA値での指定（透明度あり）

RGBAはRGBにアルファ（透明度）の成分を追加したもので、0（完全に透明）から1（不透明）の範囲で透明度を指定します。

```
div {
    background-color: rgba(255, 0, 0, 0.5); /* 半透明の赤色 */
}
```

色を指定する際には、コントラストやアクセシビリティを考慮しましょう。例えば薄い背景色に薄い文字色にするとコントラストが低く、文字が読みにくくなります。

コントラストが低く文字が読みにくい例

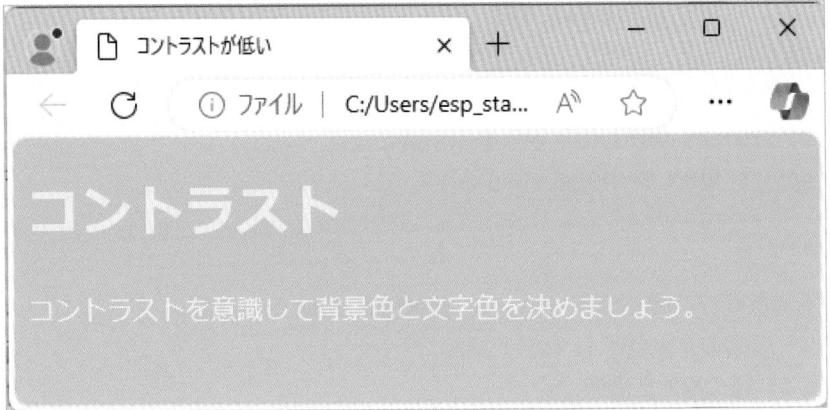

コントラストが高く文字が読みやすい例

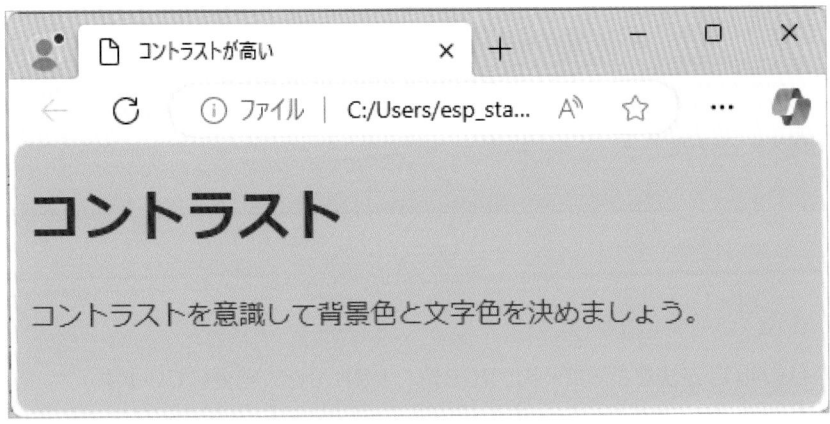

例題 20　色の指定方法を変えてみよう

▶ 例題の目的

CSSで色の指定方法を複数試す。

» reidai20.css の完成ソース

```css
@charset "utf-8";
/* 例題 20 の CSS */
body {
    background-color: #c2d9f5; /* ページ全体の背景色を 16 進数で指定 */
    font-family: sans-serif; /* フォントファミリーの指定 */
    padding: 20px; /* ページの内側の余白を追加 */
}
h1 {
    color: rgb(27, 93, 170);/* 見出しの文字色を RGB 値で指定 */
    text-align: center; /* 見出しを中央揃えにする */
}
p {
    background-color: rgba(27, 93, 170, 0.5);/* 背景色を RGBA 値で指定 */
    color: #fbf076; /* 段落の文字色を 16 進数で指定 */
    line-height: 1.6; /* 行の高さを調整 */
    margin-bottom: 15px; /* 段落の下の余白を追加 */
 }
/* 特定のクラスに対するスタイル */
.highlight {
    color: white;/* 文字色をキーワードで指定 */
    font-weight: bold; /* 太字にする */
}
```

▶ ソースの注釈

(CSS)

例題19で作成したcssの色の指定方法をキーワード、RGB値、RGBA値に変更しています。

▶ 操作

(HTML)

① HTMLファイルをコピーし、ファイル名とCSSへのリンクを変更する

「reidai19.html」をコピーし、ファイル名を「reidai20.html」に変更します。コピーして作成した
reidai20.htmlのソース内で、reidai19.cssにリンクしているのをreidai20.cssに変更します。

CSS

1 CSSファイルをコピーし、ファイル名を変更する。
　「reidai19.css」をコピーし、ファイル名を「reidai20.css」に変更します。

2 メモ帳でCSSファイルを開き、ソースを変更する
　「reidai20.cssの完成ソース」を参考に、色文字になっている部分を変更・追加をしてください。

実際にメモ帳で作成したソース

```
@charset "utf-8";
/* 例題20のCSS */
body {
        background-color: #c2d9f5; /* ページ全体の背景色を16進数で指定 */
        font-family: sans-serif; /* フォントファミリーの指定 */
        padding: 20px; /* ページの内側の余白を追加 */
}
h1 {
        color: rgb(27, 93, 170); /* 見出しの文字色をRGB値で指定 */
        text-align: center; /* 見出しを中央揃えにする */
}
p {
        background-color: rgba(27, 93, 170, 1); /* 背景色をRGBA値で指定 */
        color: #fbf076; /* 段落の文字色を16進数で指定 */
        line-height: 1.6; /* 行の高さを調整 */
        margin-bottom: 15px; /* 段落の下の余白を追加 */
}
/* 特定のクラスに対するスタイル */
.highlight {
        color: white; /* 文字色をキーワードで指定*/
        font-weight: bold; /* 太字にする */
}
```

3 変更したCSSファイルを上書き保存する

表示の確認

1 作成したHTMLファイルをブラウザで表示する

実際にメモ帳で作成したソース

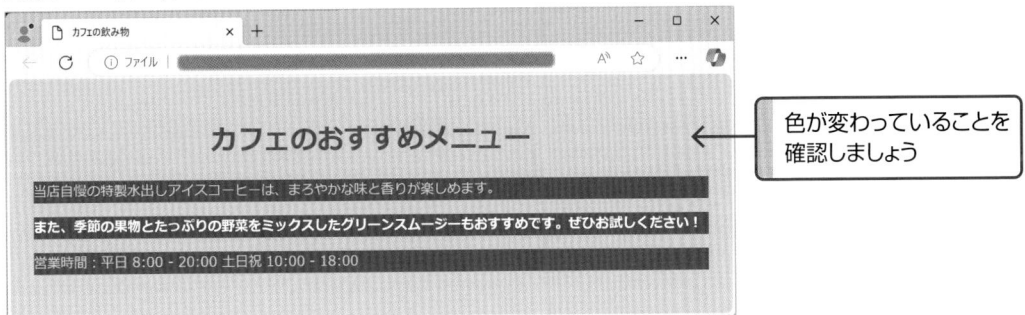

色が変わっていることを
確認しましょう

189

演習問題 41

セレクタを使用して特定の要素をスタイルする

ブラウザに次のように表示されるHTMLファイルを作成しなさい。

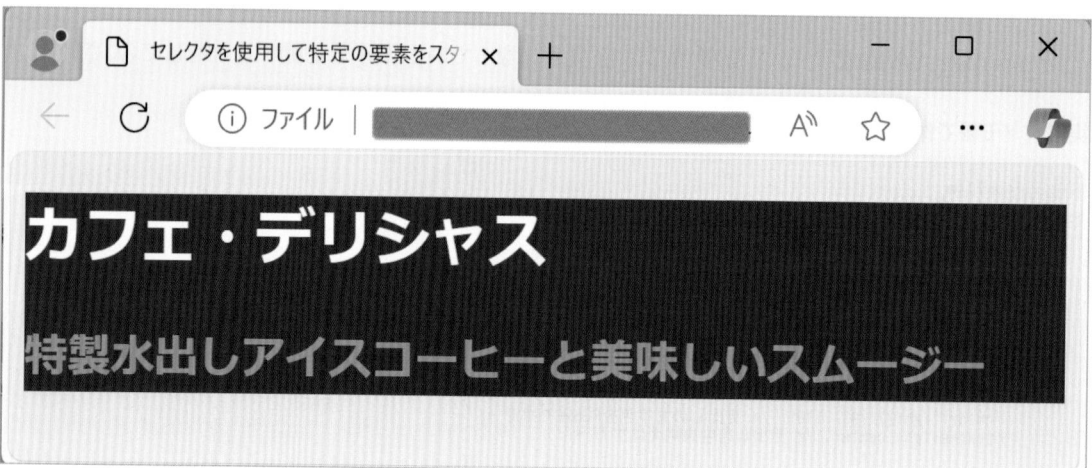

- h1、h2を<header></header>で囲みましょう
- enshu41.cssファイルを作成し、htmlファイルからリンクしましょう。
- bodyには背景色（background-color）#f8f1e5を設定しましょう。
- headerには背景色（background-color）#5e3c58を設定しましょう。
- h1は文字の大きさ（font-size）2em、h2は文字の大きさ（font-size）1.5emと文字の色（color）#ff9393を設定しましょう。

演習問題 42

背景色、フォントサイズ、フォント色、マージン、パディングなど、さまざまなプロパティを変更する

ブラウザに次のように表示されるHTMLファイルを作成しなさい。

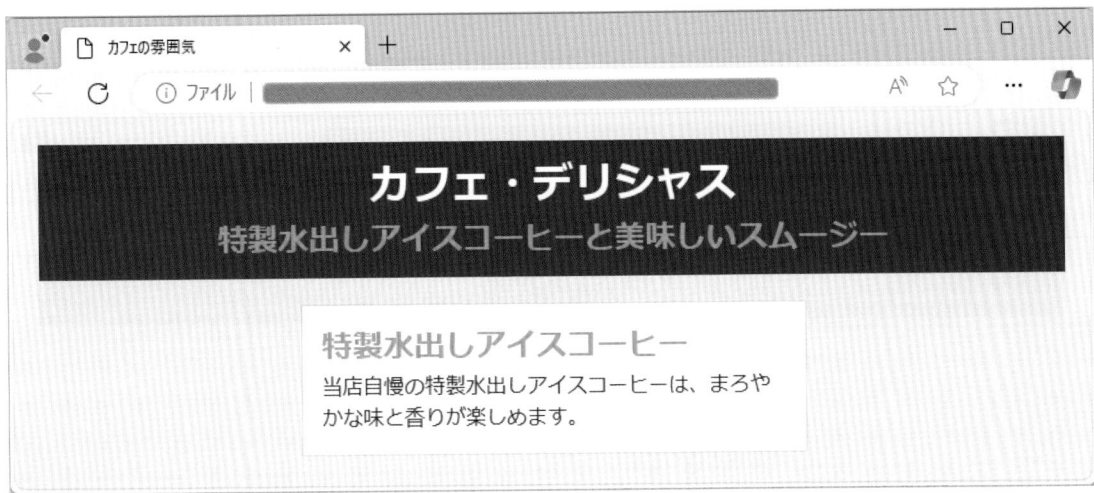

- section要素をheader要素の下に追加しましょう。
- section要素の中にdiv要素をいれ、クラス名をmenu-itemとしましょう。
- div要素の中は見出し（h2）と本文（p）を入れましょう。
- enshu42.cssファイルを作成し、htmlファイルからリンクしましょう。
- もとから持っているスタイルをリセットするために、body, h1, h2にまとめて要素の外側の余白（margin）、要素の内側の余白（padding）0pxを設定しましょう。
- bodyには文字の色（color）#2d3a35、要素の内側の余白（padding）20pxを設定しましょう。
- sectionには要素の外側上方向の余白（margin-top）20pxを設定しましょう。
- .menu-itemは背景色（background-color）#ffffff、幅（width）45%、枠線（border）1px solid #dddddd、要素の外側右方向の余白（margin-right）と要素の外側左方向の余白（margin-left）をauto、要素の内側の余白（padding）15pxを設定しましょう。

PART
9

演習問題 43

CSSコメントを使用してスタイルシートを整理する

演習問題42で作成したCSSファイルを元に、CSS内にコメントを追加しなさい。

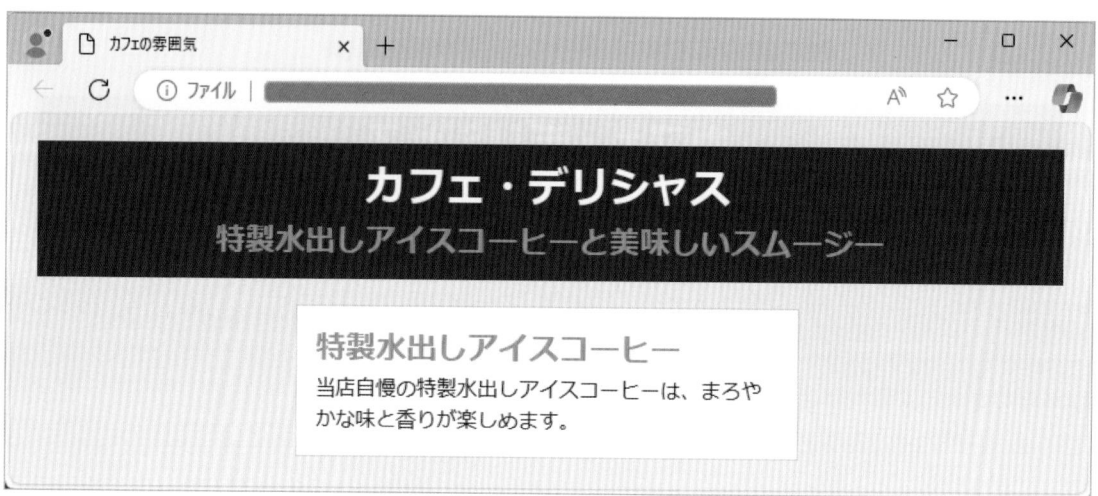

- enshu42.html、enshu42.cssをそれぞれコピーしenshu43.html、enshu43.cssにファイル名を変更します。
- CSSのコメントには/＊＊/を使用します。
- CSSのコメントは複数行にすることもできます。回答は一例です。自分で理解しやすい説明を追加しましょう。
- コメントはブラウザでの表示に影響はありません。コメント追加後enshu43.htmlをブラウザで開き、enshu42.htmlと表示が変わっていないことを確認しましょう。

演習問題 44

色の異なるバージョン（キーワード、RGB、16進数）を比較する

ブラウザに次のように表示されるHTMLファイルを作成しなさい。

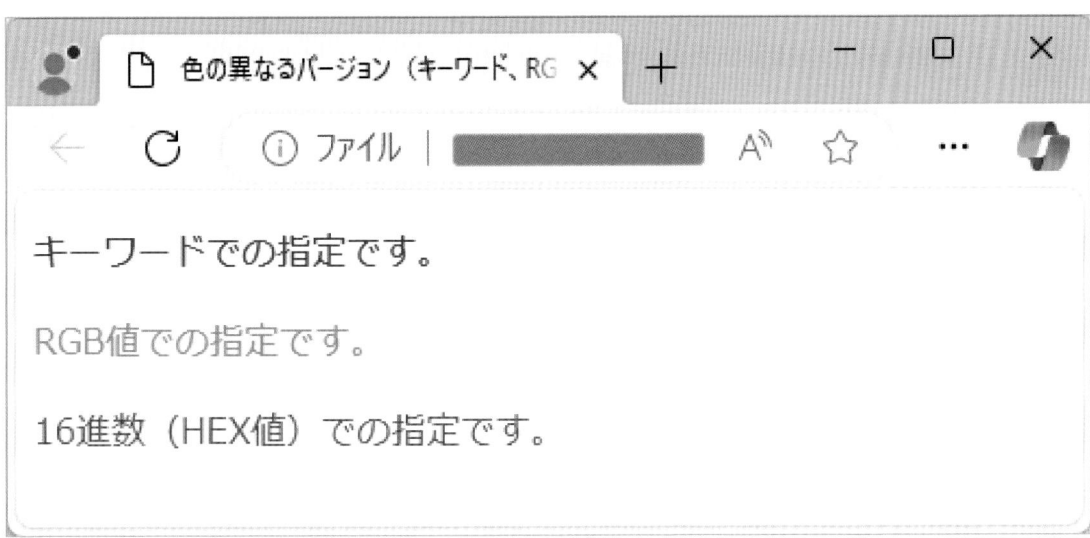

- キーワードはblue、RGB値はrgb(8, 169, 145)、16進数は#e73990をそれぞれ設定しましょう。
- p要素にそれぞれクラス名をつけましょう。

演習問題 45

CSSの擬似クラスを使用して特定の状態の要素をスタイルする

ブラウザに次のように表示されるHTMLファイルを作成しなさい。

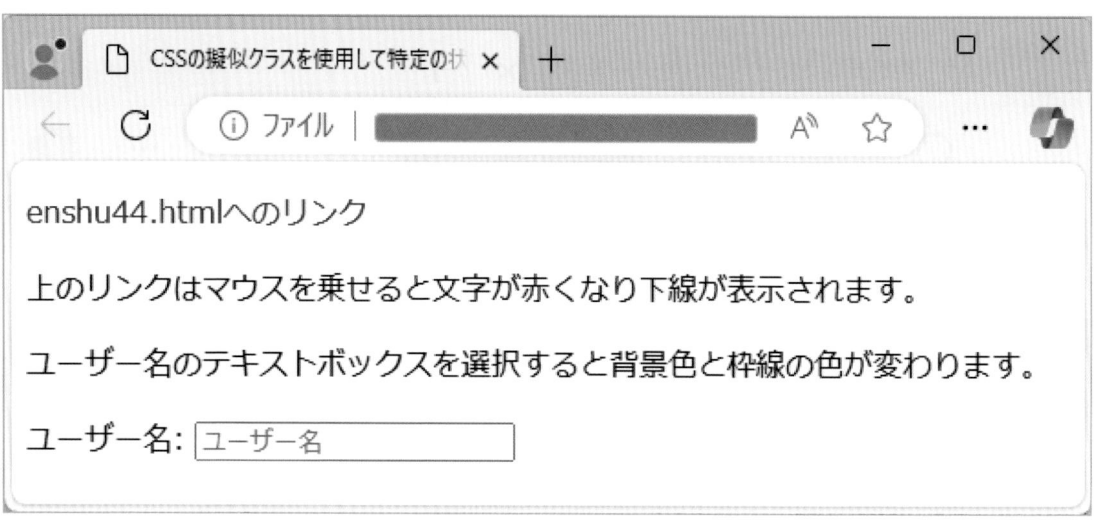

- enshu45.cssファイルを作成し、htmlファイルからリンクしましょう。
- aには、デフォルトのスタイル（下線）を消すために、文字の装飾（text-decoration）noneを指定しましょう。
- a要素に擬似クラス:hoverを使用し、文字色を#ff0000、文字の装飾（text-decoration）underlineを指定しましょう。
- input要素に擬似クラス:focusを使用し、背景色（background-color）に#e0f89aを指定しましょう。

PART 10

CSSレイアウト

学習の狙い

このパートでは、CSSでレイアウトする際に必要なフロートとクリア、そしてフレックスボックスとグリッドレイアウトの基礎について学びます。

フロートとクリア

学習のポイント

- ☑ フロート(float)の基本的な概念を理解する
- ☑ クリア(clear)の基本的な概念を理解する
- ☑ フロートとクリアを使ってレイアウトを制御する方法を学ぶ

このレッスンでは、CSSのフロートとクリアについて学びます。

　float属性は要素を左右に並べるために使用します。float属性の値にleftを指定すると左側に、rightを指定すると右側に寄せて配置されます。その後に続く要素は、指定した方向と逆に回り込んでいきます。また、floatを解除するには、clear属性を使用します。

　フロートとクリアは主にレイアウトのために使用します。

　よりレイアウトに最適なFlexboxやGridといった新しい方法がありますが、フロートとクリアの基本は抑えておくと理解しやすいでしょう。また、新しい方法については、別のレッスンやPARTで触れていきます。

　それでは、floatの指定例を以下の図で見てみましょう。

float の指定例

指定なし

各要素に float: left;
設定した要素が左側に配置され、
その後の要素は右側に回り込む

各要素に float: right;
設定した要素が右側に配置され、
その後の要素は左側に回り込む

A

| A | B | C |

| C | B | A |

B

C

A と B に float: left;
C で clear （回り込み解除）

A に float: right;
B に float: left;
C で clear （回り込み解除）

| A | B |
| C | |

| B | A |
| C | |

フロートとクリアを使ってみよう

▶ 例題の目的

CSSのfloatプロパティとclearプロパティを使って、要素の配置を理解する。

》 reidai21.html の完成ソース

```
<!DOCTYPE html>
<html lang="ja">
    <head>
        <meta charset="UTF-8">
        <link rel="stylesheet" href="css/reidai21.css">
        <title> フロートとクリアを使ってみよう </title>
    </head>
    <body>
        <h1> 可愛い猫と犬の一日 </h1>
        <section class="cat">
            <h2> 猫の場合 </h2>
            <img src="image/cat.jpg" alt=" 可愛い猫の写真 ">
            <p> 窓辺で太陽を浴びている可愛い猫を見ると、いつまでも眺めていられます。そ↵
のふわふわの毛並みと大きな瞳が心を癒してくれます。猫はお昼寝が大好きで、暖かな陽射しの中↵
でまどろむ姿がよく見られます。時折、じゃれついたり跳ねたりするのも魅力的です。 </p>
            <p> また、夜になると猫は活動的になり、おもちゃで遊んだり窓辺で夜景を眺めた↵
り。そのしぐさには思わず微笑んでしまいます。家族の一員として猫と過ごす時間はかけがえのな↵
い大切なものです。 </p>
        </section>
        <section class="dog">
            <h2> 犬の場合 </h2>
            <img src="image/dog.png" alt=" 可愛い犬の写真 ">
            <p> 犬は忠実で愛くるしいパートナーとして知られています。朝の散歩から夜の添↵
い寝まで、犬はパートナーとの絆を深めるためにいつも側にいます。 </p>
            <p> 犬は遊ぶことが大好きで、ボール遊びやおもちゃでのびのびと遊ぶ姿は、いつ↵
見ても笑顔になってしまいます。また、しつけが効きやすく、様々な訓練が可能です。犬とのコミ↵
ュニケーションは言葉を超え、愛情でお互いを理解することができます。 </p>
            <p> 犬は種類によって性格や大きさが異なりますが、どの犬種も人懐っこく、家族↵
の一員として楽しく暮らすことができます。 </p>
        </section>
    </body>
</html>
```

» reidai21.css の完成ソース

```
@charset "utf-8";
/* 例題 21 の CSS */
.cat img {
    float: left; /* 画像を左に浮かせる */
    margin: 0 15px 15px 0; /* 画像の周りに余白を設定 */
}
section.dog {
    clear: both;
    padding-top: 15px;
}
.dog img {
    float: right; /* 画像を右に浮かせる */
    margin: 0 0 15px 15px; /* 画像の周りに余白を設定 */
}
```

ソースの注釈

HTML

section要素にそれぞれクラスセレクタ（.catと.dog）を指定しています。

CSS

.cat img：クラスにcatを指定した要素内のimg要素に対して、スタイルを指定しています。このように、特定のクラス内の要素にのみスタイルを指定したい場合は、クラス名の後に半角スペースをあけて要素名を記述することで絞り込むことができます。

floatプロパティの値にleftを指定することで、画像が左に、テキストは画像の右側に回り込むように配置されます。

marginプロパティの値に 15px 15px 0を指定することで、画像の周りの余白を設定しています。時計回りに、上、右、下、左の余白を指します。

section.dog：classがdogであるsection要素に対してスタイルを指定しています。

clearプロパティの値をbothに指定することで、要素をその前にあるfloatを指定した要素の下に移動します。

padding-topプロパティの値を15pxに指定することで、上部に15ピクセルの余白ができます。

.dog img：クラスがdogに属する要素内のimg要素に対してスタイルを指定しています。

floatプロパティの値にrightを指定することで、画像が右に、テキストは画像の左側に回り込むように配置されます。

▶ 操作

(HTML)

1 HTMLファイルをコピーし、ファイル名を変更する

「reidai20.html」をコピーし、ファイル名を「reidai21.html」に変更します。

2 メモ帳でHTMLファイルを開き、ソースを変更する

「reidai21.htmlの完成ソース」を参考に、色文字になっている箇所を変更し、完成ソースと同じ内容になるように変更してください。

実際にメモ帳で作成したソース

3 変更したHTMLファイルを上書き保存する

(CSS)

1 CSSファイルをコピーし、ファイル名を変更する

「reidai20.css」をコピーし、ファイル名を「reidai21.css」に変更します。

2 メモ帳でCSSファイルを開き、ソースを変更する

「reidai21.cssの完成ソース」を参考に、色文字になっている部分を変更し、不要部分は削除してください。

PART
10

実際にメモ帳で作成したソース

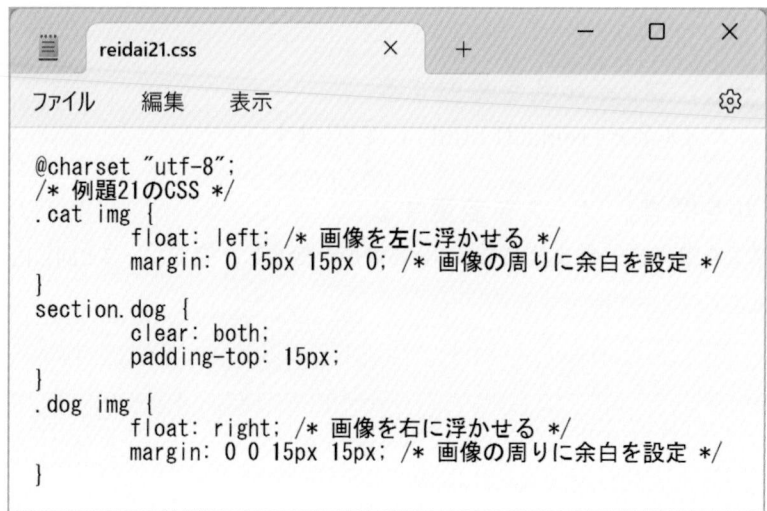

```
@charset "utf-8";
/* 例題21のCSS */
.cat img {
        float: left; /* 画像を左に浮かせる */
        margin: 0 15px 15px 0; /* 画像の周りに余白を設定 */
}
section.dog {
        clear: both;
        padding-top: 15px;
}
.dog img {
        float: right; /* 画像を右に浮かせる */
        margin: 0 0 15px 15px; /* 画像の周りに余白を設定 */
}
```

③ 変更したCSSファイルを上書き保存する

表示の確認

① 作成したHTMLファイルをブラウザで表示する

2

フレックスボックス

学習のポイント

☑ フレックスボックス(Flexbox)の基本的な概念を理解する
☑ フレックスボックスを使ったレイアウトの制御方法を学ぶ
☑ 主軸と交差軸について理解する

このレッスンでは、CSSのフレックスボックスについて学びます。

フレックスボックス（Flexible Box Layout Module）は「コンテナ（親要素）」と「アイテム（子要素）」から成り立っています。コンテナの中のアイテムを、かんたんに幅や高さを揃えて配置することができます。フレックスボックスを使用することで柔軟な配置が可能になるため、レスポンシブデザイン（デバイスの画面サイズに応じて見やすい表示にすること。PART13で説明します）によく使用されます。

まずは、<div>タグと基本的なフレックスボックスの用語について確認しましょう。

タグ解説

<div>

複数の要素をグループ化する。主にCSSによるスタイルの適用に利用される

サンプルソース

```
<div class="red-box">
    <h2> 背景色が赤のボックス </h2>
    <p>CSS でスタイルを設定します </p>
</div>
```

h2要素とp要素をグループ化しています。クラス名を指定したことにより、CSSでdivに囲まれた範囲に様々なスタイルを適用することができます。

サンプルソース

```
.red-box {
    width: 300px;
    background-color: #ff0000;
}
```

.red-boxを指定した要素に、幅300px、背景色に赤のスタイルが適用されます。

divは特に意味を持たないため、例えばナビゲーションには<nav>など、最適なタグがある場合はそちらを使用するようにしてください。

用語解説

フレックスコンテナ (flex container)

display: flex; または display: inline-flex; が設定された要素

この要素の直下の子要素はフレックスアイテムとなる

フレックスアイテム (flex item)

フレックスコンテナの直下にある子要素

これらのアイテムがフレックスボックスの主な構成要素となり、配置や順序を調整することができる

主軸

デフォルトで横軸 (水平方向) となる

交差軸

デフォルトで縦軸 (垂直方向) となる

主軸に沿った配置 (justify-content)

主軸がデフォルトの場合、水平方向に配置する

交差軸に沿った配置 (align-items)

交差軸がデフォルトの場合、垂直方向に配置する

例題 22 フレックスボックスを使ってみよう

▶ 例題の目的

CSSのフレックスボックスを使って、複数のボックスの配置と整列を理解する。

» reidai22.html の完成ソース

```html
<!DOCTYPE html>
<html lang="ja">
    <head>
        <meta charset="UTF-8">
        <link rel="stylesheet" href="css/reidai22.css">
        <title> フレックスボックスを使ってみよう </title>
    </head>
    <body>
        <div class="drink-container">
            <div class="drink-item">
                <h2> エスプレッソ </h2>
                <p> 濃厚で香り豊かなエスプレッソ。</p>
            </div>
            <div class="drink-item">
                <h2> バナナミルク </h2>
                <p> 新鮮なバナナとミルクの絶妙なコラボ。</p>
            </div>
            <div class="drink-item">
                <h2> ハーブティー </h2>
                <p> 自家製ハーブブレンドの香り豊かなお茶。</p>
            </div>
        </div>
    </body>
</html>
```

» reidai22.css の完成ソース

```css
@charset "utf-8";
/* 例題 22 の CSS */
.drink-container {
    display: flex;
    justify-content: space-around;
```

```
}
.drink-item{
    flex: 1;
    text-align: center;
    padding: 20px;
    color: #ffffff;
}
.drink-item:nth-child(odd){
    background-color: #3498db;
}
.drink-item:nth-child(even){
    background-color: #f5a623;
}
```

▶️ ソースの注釈

(HTML)

div要素にクラスセレクタdrink-containerを指定しています。

その中のdiv要素にクラスセレクタdrink-itemを指定しています。

(CSS)

.drink-container：クラスセレクタです。

displayプロパティの値にflexを指定することで、要素がフレックスコンテナになり、要素内の子要素がフレックスアイテムになります。

justify-contentプロパティの値にspace-aroundを指定することで、子要素間のスペースを均等に配置します。

.drink-item：クラスセレクタです。

flexプロパティは、アイテムをコンテナの領域におさめるために、どの比率でアイテムの幅を伸ばしたり、縮めたりするかを指定するためのものです。flex-grow、flex-shrink、flex-basisの3つの値を一括で指定できます。

flex-growは、コンテナの余ったスペースを、指定した値で各アイテムに分配します。値が0の場合、余ったスペースは分配されず、値が正の整数の場合は、その比率に応じて分配されます。

flex-shrinkはコンテナからアイテムがはみ出した場合、指定した値で各アイテムを縮小します。値が0の場合は縮小されず、値が正の整数の場合は、その比率に応じて縮小します。

flex-basisはコンテナ内でのアイテムの基準となる幅を指定します。デフォルトの値はautoが設定されており、アイテムの内容に基づいてサイズが決まります。

flexプロパティの値に1を設定すると、flex-grow、flex-shrinkに1、flex-basisに0%を指定したと解釈されます。

nth-child(odd)は偶数、nth-child(even)は奇数の要素に対してスタイルを適用する擬似クラスです。

▶ 操作

(HTML)

1 HTMLファイルをコピーし、ファイル名を変更する

「reidai21.html」をコピーし、ファイル名を「reidai22.html」に変更します。

2 メモ帳でHTMLファイルを開き、ソースを変更する

「reidai22.htmlの完成ソース」を参考に、色文字になっている箇所を変更し、完成ソースと同じ内容になるように変更してください。

実際にメモ帳で作成したソース

```
<!DOCTYPE html>
<html lang="ja">
        <head>
                <meta charset="UTF-8">
                <link rel="stylesheet" href="css/reidai22.css">
                <title>フレックスボックスを使ってみよう</title>
        </head>
        <body>
                <div class="drink-container">
                        <div class="drink-item">
                                <h2>エスプレッソ</h2>
                                <p>濃厚で香り豊かなエスプレッソ。</p>
                        </div>
                        <div class="drink-item">
                                <h2>バナナミルク</h2>
                                <p>新鮮なバナナとミルクの絶妙なコラボ。</p>
                        </div>
                        <div class="drink-item">
                                <h2>ハーブティー</h2>
                                <p>自家製ハーブブレンドの香り豊かなお茶。</p>
                        </div>
                </div>
        </body>
</html>
```

行 24、列 8　　　100%　　　Windows (CRLF)　　　UTF-8

3 変更したHTMLファイルを上書き保存する

CSS

1 CSSファイルをコピーし、ファイル名を変更する。

「reidai21.css」をコピーし、ファイル名を「reidai22.css」に変更します。

2 メモ帳でCSSファイルを開き、ソースを変更する

「reidai22.cssの完成ソース」を参考に、色文字になっている部分を変更・追加をしてください。

実際にメモ帳で作成したソース

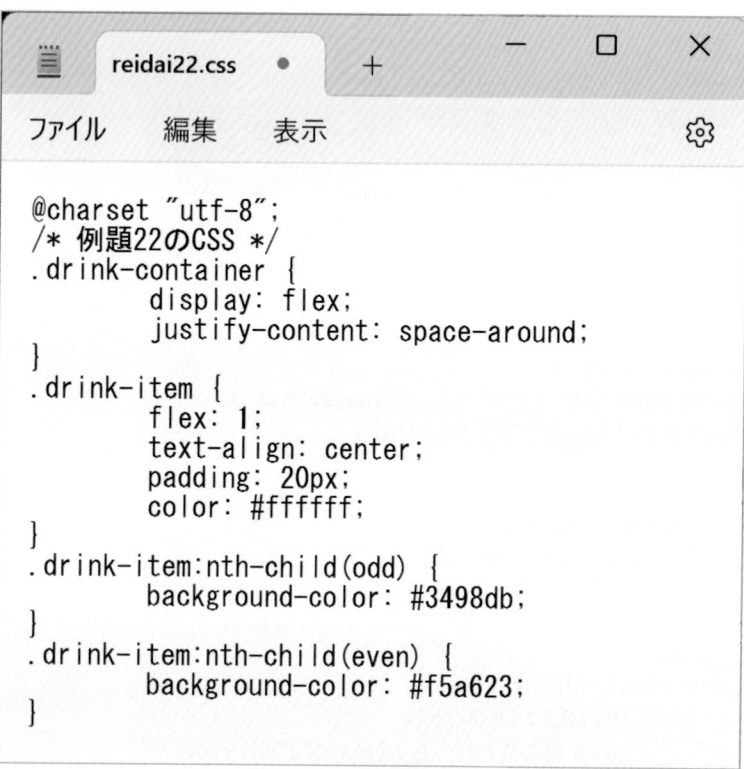

3 変更したCSSファイルを上書き保存する

表示の確認

1 作成したHTMLファイルをブラウザで表示する

Lesson 3 グリッドレイアウト

☑ CSS Gridの基本的な概念を理解する
☑ グリッドレイアウトでの項目の配置を学ぶ
☑ 行と列の作成と管理について理解する

このレッスンでは、CSSのグリッドレイアウトについて学びます。

グリッドレイアウト（Grid Layout）はフレックスボックスと同様に「コンテナ（親要素）」と「アイテム（子要素）」から成り立っています。

グリッドレイアウトはフレックスボックスでは実現できない複雑なレイアウトが作成できます。フレックスボックスは一方向にのみレイアウトが可能ですが、グリッドレイアウトでは、縦横どちらの方向にもレイアウトが可能です。

どちらかだけを使うのではなく、グリッドレイアウトとフレックスボックスは併用されることが多いです。

	よく使われる例	フレックスボックス	グリッドレイアウト
要素の増減	ナビゲーションメニューなど一方向に配置するもの	◎	△
複雑なレイアウト	画像ギャラリーやカードレイアウト	×	◎

まずは基本的なグリッドレイアウトの用語と使用するプロパティについて確認しましょう。

用語解説

グリッドコンテナ (grid container)

display: grid; が設定された要素。グリッドコンテナを設定する際に必須となる
この要素の直下の子要素はグリッドアイテムとなる

グリッドコンテナでよく使うプロパティ

grid-template-columns

グリッドコンテナ内の列（columns）を定義する
値で数と幅を指定する

grid-template-rows

グリッドコンテナ内の行（rows）を定義する
値で数と高さを指定する

gap

グリッドアイテム同士の余白を設定する

グリッドアイテム (grid item)

グリッドコンテナ内に配置される要素
指定された行や列に従って配置される

グリッドアイテムでよく使うプロパティ

grid-columns

横方向の位置を指定する

grid-rows

縦方向の位置を指定する

グリッドエリア (grid area)

グリッドエリアは、複数の行と列にまたがる特定の領域

グリッドエリアでよく使うプロパティ

grid-area

行グリッド、列グリッドの開始位置と終了位置を一括で指定できる

グリッドコンテナで3列、2行を設定した場合

線は左端から横に数えると4本、縦に数えると3本あります。

この数え方は基本となるので、覚えておきましょう。

グリッドラインの図

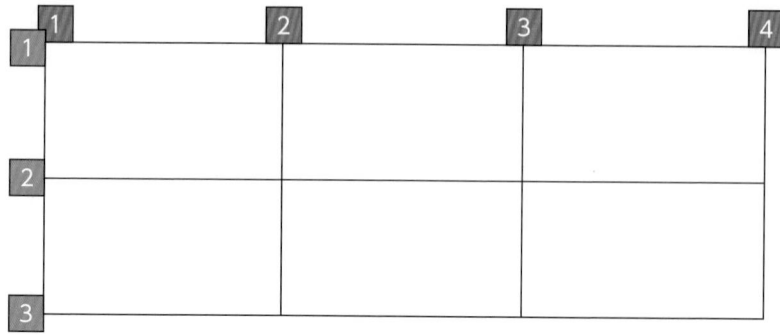

実際に例題の内容をマークアップしながら、理解していきましょう。

グリッドレイアウトを使ってみよう

▶ 例題の目的

グリッドレイアウトを用いて、複数のボックスを配置する基本を学ぶ。

» reidai23.html の完成ソース

```html
<!DOCTYPE html>
<html lang="ja">
    <head>
        <meta charset="UTF-8">
        <title> グリッドレイアウトを使ってみよう </title>
        <link rel="stylesheet" href="css/reidai23.css">
    </head>
    <body>
        <!--グリッドコンテナ -->
        <div class="parent">
            <!--グリッドアイテム -->
            <div class="pickup"> ピックアップ </div>
            <div class="cafelatte"> カフェラテ </div>
            <div class="tea"> 紅茶 </div>
            <div class="juice"> フレッシュジュース </div>
            <div class="chocolate"> ホットチョコレート </div>
        </div>
    </body>
</html>
```

PART
10

» reidai23.css の完成ソース

```css
@charset "utf-8";
/* 例題 23 の CSS */
.parent {
    display: grid;
    grid-template-columns: repeat(3, 150px);
    grid-template-rows: repeat(2, 150px);
    grid-column-gap: 10px;
    grid-row-gap: 10px;
    border: 1px solid black;
}
```

```css
.pickup {
    background-color: #05636a;
    color: #ffffff;
    grid-area: 1 / 1 / 3 / 2; /* row-start / column-start / row-end / column-end */
}
.cafelatte {
    background-color: #0bb7c4;
    grid-area: 1 / 2 / 2 / 2;
}
.tea {
    background-color: #0bb7c4;
    grid-area: 1 / 3 / 2 / 4;
}
.juice {
    background-color: #0dddee;
    grid-area: 2 / 2 / 3 / 3;
}
.chocolate {
    background-color: #0dddee;
    grid-area: 2 / 3 / 3 / 4;
}
```

▶ ソースの注釈

(HTML)

CSSでグリッドコンテナにする要素にクラス名parentを指定します。

グリッドアイテムにする要素にクラス名pickup、cafelatte、tea、juice、chocolateを指定します。

(CSS)

.parent：クラスセレクタです。

displayプロパティの値にgridを指定することで、要素がグリッドコンテナになり、要素内の子要素がグリッドアイテムになります。

grid-template-columnsプロパティの値にrepeat(3, 150px)を指定することで、3つの列を持ち、各列の幅が150pxになります。

grid-template-rowsプロパティの値にrepeat(2, 150px)を指定することで、2つの行を持ち、各行の高さが150pxになります。

repeat(指定する列(行)数, 幅(高さ))で、それぞれ指定できます。

grid-column-gap、grid-row-gapプロパティの値に10pxを指定することで、横と縦のアイテム同士の余白が10pxになります。

pickup、cafelatte、tea、juice、chocolate：クラスセレクタです。

grid-areaプロパティは、一括でエリアを指定することができます。形式はgrid-area: row-start（行の左上・行の開始番号）/ column-start（列の左上・列の開始番号）/ row-end（行の右下・行の終了番号）/ column-end（列の右下・列の終了番号）; となります。 グリッドラインの図と照らし合わせながら、番号を確認してみましょう。

▶ 操作

(HTML)

1 HTMLファイルをコピーし、ファイル名を変更する

「reidai22.html」をコピーし、ファイル名を「reidai23.html」に変更します。

2 メモ帳でHTMLファイルを開き、ソースを変更する

「reidai23.htmlの完成ソース」を参考に、色文字になっている箇所を変更し、完成ソースと同じ内容になるように変更してください。

実際にメモ帳で作成したソース

```
[≡]   reidai23.html              ×    +        —    □    ×

ファイル    編集    表示                                    ⚙

<!DOCTYPE html>
<html lang="ja">
        <head>
                <meta charset="UTF-8">
                <title>Cafe Menu</title>
                <link rel="stylesheet" href="css/reidai23.css">
        </head>
        <body>
                <!-- グリッドコンテナ -->
                <div class="parent">
                        <!-- グリッドアイテム -->
                        <div class="pickup">
                                <p>ピックアップ</p>
                        </div>
                        <div class="cafelatte">
                                <p>カフェラテ</p>
                        </div>
                        <div class="tea">
                                <p>紅茶</p>
                        </div>
                        <div class="juice">
                                <p>フレッシュジュース</p>
                        </div>
                        <div class="chocolate">
                                <p>ホットチョコレート</p>
                        </div>
                </div>
        </body>
</html>

行 29、列 8         100%         Windows (CRLF)         UTF-8
```

3 変更したHTMLファイルを上書き保存する

PART
10

CSS

1 CSSファイルをコピーし、ファイル名を変更する

「reidai22.css」をコピーし、ファイル名を「reidai23.css」に変更します。

2 メモ帳でCSSファイルを開き、ソースを変更する

「reidai23.cssの完成ソース」を参考に、色文字になっている部分を変更・追加をしてください。

実際にメモ帳で作成したソース

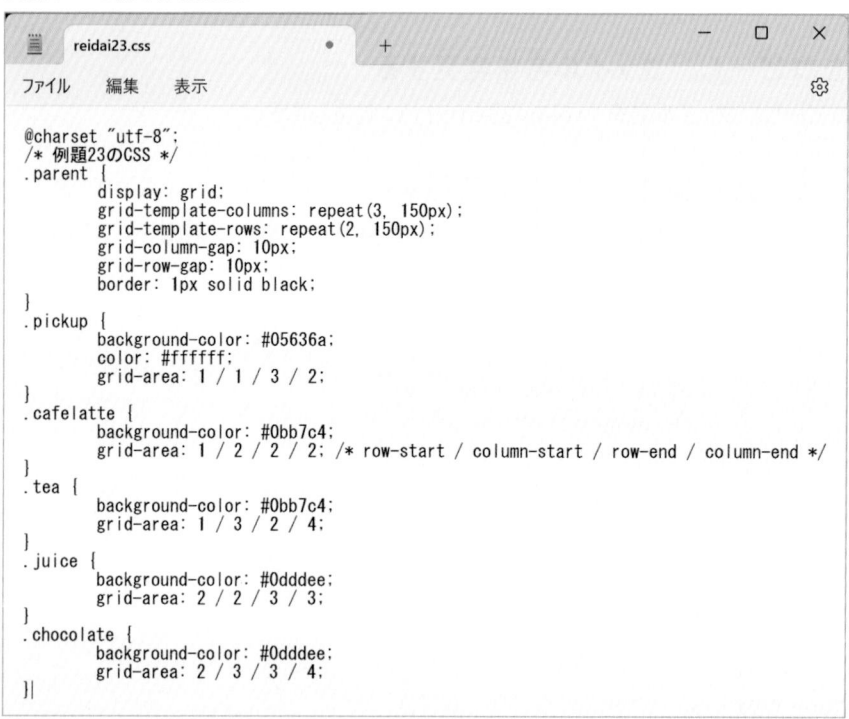

```
@charset "utf-8";
/* 例題23のCSS */
.parent {
        display: grid;
        grid-template-columns: repeat(3, 150px);
        grid-template-rows: repeat(2, 150px);
        grid-column-gap: 10px;
        grid-row-gap: 10px;
        border: 1px solid black;
}
.pickup {
        background-color: #05636a;
        color: #ffffff;
        grid-area: 1 / 1 / 3 / 2;
}
.cafelatte {
        background-color: #0bb7c4;
        grid-area: 1 / 2 / 2 / 2; /* row-start / column-start / row-end / column-end */
}
.tea {
        background-color: #0bb7c4;
        grid-area: 1 / 3 / 2 / 4;
}
.juice {
        background-color: #0dddee;
        grid-area: 2 / 2 / 3 / 3;
}
.chocolate {
        background-color: #0dddee;
        grid-area: 2 / 3 / 3 / 4;
}|
```

3 変更したCSSファイルを上書き保存する

表示の確認

1 作成したHTMLファイルをブラウザで表示する

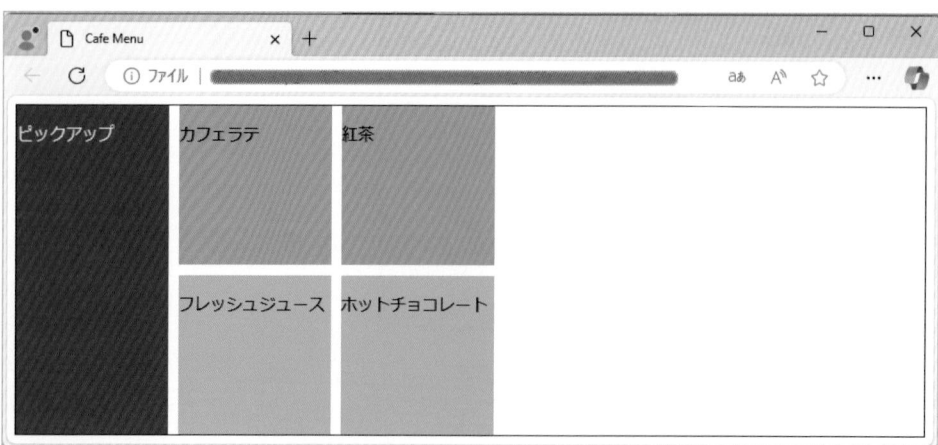

演習問題 46

フロートを使用してレイアウトを作成する

ブラウザに次のように表示されるHTMLファイルを作成しなさい。

ヒント
- reidai21.htmlとreidai21.cssを参考にしてください。
- 猫の画像を右、テキストを左に回り込ませるためにfloat: right; を指定しましょう。
- 境界線外側の余白（margin）には、上と右に0、下と左に30pxを設定しましょう。

PART
10

演習問題 **47**

フロートとクリアを使用してレイアウトを作成する

ブラウザに次のように表示されるHTMLファイルを作成しなさい。

フロートとクリアを使用してレイアウトを × +

← C ① ファイル |

可愛い猫と犬の一日

猫の場合

窓辺で太陽を浴びている可愛い猫を見ると、いつまでも眺めていられます。そのふわふわの毛並みと大きな瞳が心を癒してくれます。猫はお昼寝が大好きで、暖かな陽射しの中でまどろむ姿がよく見られます。時折、じゃれついたり跳ねたりするのも魅力的です。

また、夜になると猫は活動的になり、おもちゃで遊んだり窓辺で夜景を眺めたり。そのしぐさには思わず微笑んでしまいます。家族の一員として猫と過ごす時間はかけがえのない大切なものです。

犬の場合

犬は忠実で愛くるしいパートナーとして知られています。朝の散歩から夜の添い寝まで、犬はパートナーとの絆を深めるためにいつも側にいます。

犬は遊ぶことが大好きで、ボール遊びやおもちゃでのびのびと遊ぶ姿は、いつ見ても笑顔になってしまいます。また、しつけが効きやすく、様々な訓練が可能です。犬とのコミュニケーションは言葉を超え、愛情でお互いを理解することができます。

犬は種類によって性格や大きさが異なりますが、どの犬種も人懐っこく、家族の一員として楽しく暮らすことができます。

ヒント

- reidai21.htmlとreidai21.cssを参考にしてください。
- enshu46.htmlとenshu46.cssをコピーして名前をenshu47.html、enshu47.cssに変更しましょう。
- 犬のセクションを作成し、猫のセクションに指定したfloatをclear: both; を使用して解除しましょう。
- 犬の画像を左、テキストを右に回り込ませるためにfloat: left; を指定しましょう。
- 境界線外側の余白（margin）には、上と左に0、右と下に30pxを設定しましょう。

フレックスボックスを使用してレイアウトを作成する

ブラウザに次のように表示されるHTMLファイルを作成しなさい。

- reidai22.html、reidai22.cssをそれぞれコピーしenshu48.html、enshu48.css
  にファイル名を変更します。
- スムージー、ホットチョコレート、紅茶を追加しましょう。
- drink-containerの子要素の折返し (flex-wrap) に wrap（折り返す）、幅（width）
  に100%を設定しましょう。
- 要素の伸縮と幅（flex [flex-grow、flex-shrink、flex-basisをまとめて指定]）に
  0 1 40%、境界線外側下の余白（margin-bottom）に20pxを設定しましょう。

PART
10

演習問題 49

作成したフレックスボックスのレイアウトを変更する

ブラウザに次のように表示されるHTMLファイルを作成しなさい。

- enshu48.html、enshu48.cssをそれぞれコピーしenshu49.html、enshu49.cssにファイル名を変更します。
- drink-containerの主軸に沿った配置（justify-content）に space-betweenを設定しましょう。最初と最後のアイテムは両端に配置され、残りを均等に配置します。
- drink-itemの要素の伸縮と幅（flex [flex-grow、flex-shrink、flex-basisをまとめて指定]）に0 1 25%を設定しましょう。

演習問題 50

グリッドレイアウトを使用してレイアウトを作成する

ブラウザに次のように表示されるHTMLファイルを作成しなさい。

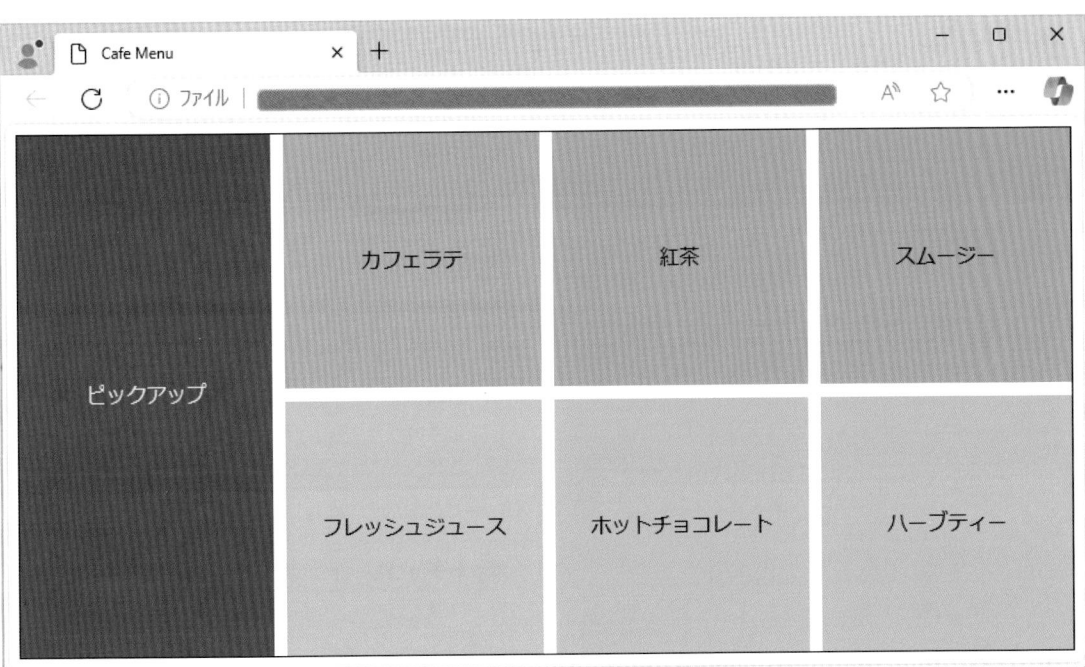

- reidai23.html、reidai23.cssをそれぞれコピーしenshu50.html、enshu50.css にファイル名を変更します。
- スムージーはクラスsmoothie、ハーブティーはクラスherbteaを追加しましょう。
- parentに高さ（height）400pxを設定しましょう。
- parentのgrid-template-columnsを1fr 1fr 1fr 1fr、grid-template-rowsを1fr 1frに設定しましょう。これは列を1:1:1:1、行を1:1の比率に指定する方法です。
- クラスparentの直下のdiv要素全てを上下左右中央に配置するために、以下の記述を追加しましょう。

```
.parent > div{
    display: grid;
    place-items: center;
}
```

- クラスsmoothie、クラスherbteaのgrid-areaをそれぞれ設定しましょう。
- Lesson3のグリッドラインの図を参考にラインの番号を考えましょう。

演習問題 **51**

作成したグリッドレイアウトを変更する

ブラウザに次のように表示されるHTMLファイルを作成しなさい。

- enshu50.html、enshu50.cssをそれぞれコピーしenshu51.html、enshu51.css にファイル名を変更します。

- htmlはタイトルとcssへのリンクのみ変更します。

- parentのgrid-template-columnsを2fr 1fr 1fr、grid-template-rowsを1fr 1fr 1frに設定しましょう。これは列を2:1:1、行を1:1:1の比率に指定する方法です。

- 各クラスのgrid-areaを表示にあわせて設定しましょう。Lesson3のグリッドラインの図を参考にラインの番号を考えましょう。

演習問題 52

スクロールできるボックスを作成する

ブラウザに次のように表示されるHTMLファイルを作成しなさい。

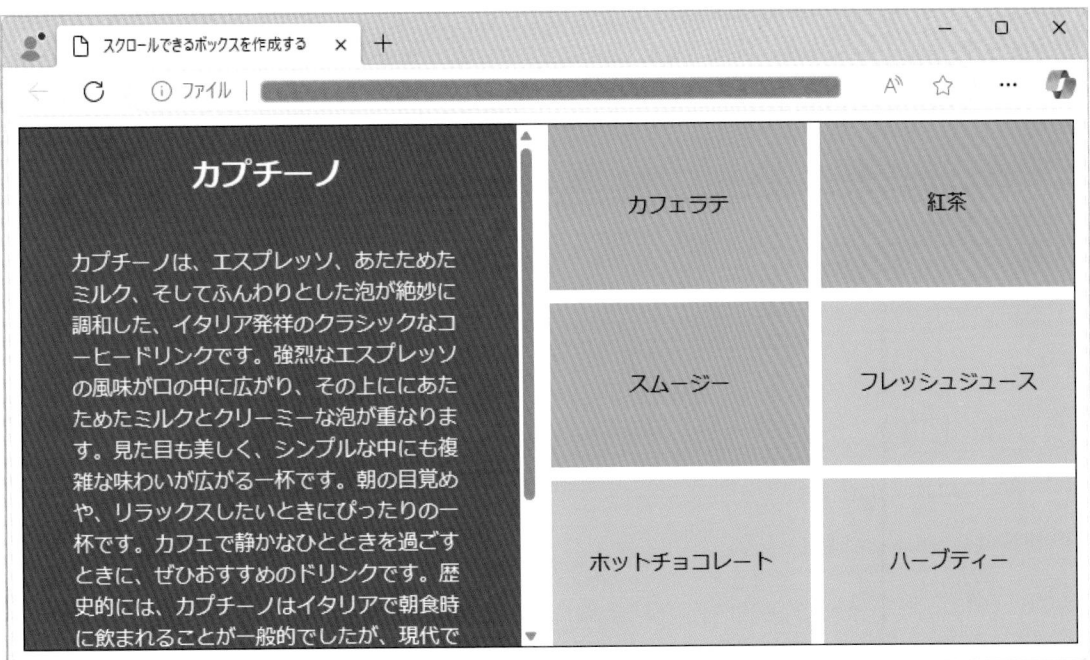

 ヒント
- enshu51.html、enshu51.cssをそれぞれコピーしenshu52.html、enshu52.css にファイル名を変更します。
- htmlはタイトルとcssへのリンクのみ変更します。
- pickupのoverflow-yをscrollに設定しましょう。これはy軸（縦）からはみ出た 場合、スクロールバーを表示します。この場合、縦400pxに文章が収まらな い場合、スクロールバーが表示されます。
- 中にいれる文章はこの通りではなくても構いません。300〜400字程度の文章 を入れましょう。

レイアウトと
ポジショニング

このパートでは、レイアウトをする際に理解しておきたい、
ボックスモデルやディスプレイプロパティ、ポジショニング
について学びます。

Lesson 1

ボックスモデル

学習のポイント
- ☑ ボックスモデルの基本概念を理解する
- ☑ マージン、パディング、ボーダーについて学ぶ
- ☑ 要素のサイズを設定する方法を覚える

　このレッスンでは、ボックスモデルについて学びます。以前のPARTでもmarginやpadding、borderなどのプロパティを使用していますが、あらためてこのレッスンでその関係性を解説します。

　ボックスモデルは主に以下の4つから構成されます。

1. **Content (コンテンツ)**：テキスト、画像など、実際のコンテンツが表示される領域です。
2. **Padding (パディング)**：コンテンツと境界線（border）の内側に余白を設定します。
   よく使用されるプロパティ：padding-top、padding-right、padding-bottom、padding-left など
3. **Border (ボーダー)**：パディングの外側にある領域で、要素の境界を定義します。
   よく使用されるプロパティ：border-width、border-style、border-colorなど
4. **Margin (マージン)**：境界線（border）の外側にある領域で、他の要素との間に余白を設定します。
   よく使用されるプロパティ：margin-top、margin-right、margin-bottom、margin-leftなど

　以下の図は、上記4つの要素について表しています。

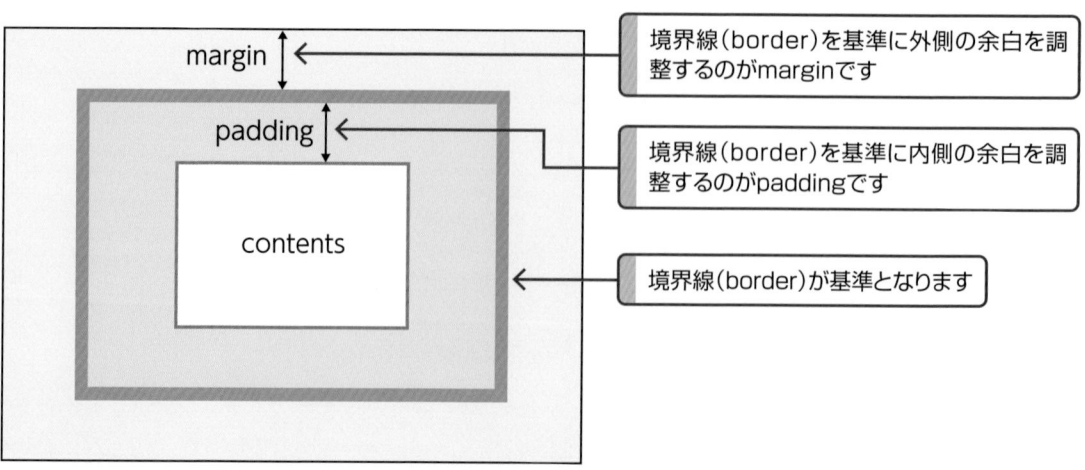

　続いて、ボックスモデルを理解するのにあたって重要なCSSのプロパティであるbox-sizingについて解説します。

　要素に指定した幅（width）、高さ（height）は、要素のコンテンツ領域のみに適用されます。要素にボーダーやパディングがある場合、実際画面に表示される幅や高さは、指定したサイズ+ボーダー+パディングとなります。box-sizingはこういった要素のサイズの計算方法を指定するプロパティで、主に2つの値を使用します。

1. content-box（デフォルト）：コンテンツ自体の幅や高さを指定。パディングやボーダーのサイズをコンテンツの幅に加えます。

CSS のサンプルソース

```
.box1{
    width: 200px;          /* コンテンツの幅 */
    padding: 20px;         /* パディング */
    border: 2px solid;     /* ボーダー */
    /* 画面に表示される幅 = 200px( 幅 ) + 20px（右のパディング）+ 20px（左のパディ ⏎
ング）+ 2px（右の境界線）+ 2px（左の境界線）= 244px */
    box-sizing: content-box;
}
```

2. border-box：パディングやボーダーを含めたコンテンツの幅や高さを指定。パディングやボーダーのサイズを引いて、コンテンツの幅や高さを自動で計算してくれる。

CSS のサンプルソース

```
.box2 {
    width: 200px;          /* コンテンツの幅 */
    padding: 20px;         /* パディング */
    border: 2px solid;     /* ボーダー */
    /*
    画面に表示される幅 = 200px
    余白：20px（右のパディング）+ 20px（左のパディング）+ 2px（右の境界線）+ 2px（ ⏎
    左の境界線）= 44px
    コンテンツ：200px-44px = 156px
    */
    box-sizing: border-box;
}
```

　それでは、実際にどのように表示が変わるのか、例題で見ていきましょう。

例題 24 レイアウトを調整しよう

▶ 例題の目的

box-sizingによる表示の違いを理解する。

» reidai24.html の完成ソース

```
<!DOCTYPE html>
<html lang="ja">
    <head>
        <meta charset="UTF-8">
        <title> レイアウトを調整しよう </title>
        <link rel="stylesheet" href="css/reidai24.css">
    </head>
    <body>
      <div class="box content-box-example">
        <p>Content Box</p>
      </div>
      <div class="box border-box-example">
        <p>Border Box</p>
      </div>
    </body>
</html>
```

» reidai24.css の完成ソース

```
@charset "utf-8";
/* 例題 24 の CSS */
    body, p {
    margin: 0;
    padding: 0;
}
.box {
    width: 200px;
    height: 200px;
    padding: 20px;
    margin: 10px;
    border: 2px solid #333333;
    background-color: #a562f8;
```

```
        color: #ffffff;
}
.content-box-example {
        box-sizing: content-box; /* コンテンツボックスモデル */
}
.border-box-example {
        box-sizing: border-box; /* ボーダーボックスモデル */
}
```

ソースの注釈

HTML

　div要素にそれぞれクラスセレクタ(.box，.content-box-example，.border-box-example)を指定しています。半角スペースをあけることで、一つの要素に対して複数のクラスを設定することができます。

CSS

　body要素とp要素のmarginとpaddingを0にし、デフォルトのスタイルをリセットします。

　共通で使用するスタイルをboxとして設定します。

　それぞれ個別で使用するスタイルを.content-box-example、.border-box-exampleとします。

操作

HTML

1 HTMLファイルをコピーし、ファイル名を変更する

　「reidai23.html」をコピーし、ファイル名を「reidai24.html」に変更します。

2 メモ帳でHTMLファイルを開き、ソースを変更する

　「reidai24.htmlの完成ソース」を参考に、色文字になっている箇所を変更し、完成ソースと同じ内容になるように変更してください。

実際にメモ帳で作成したソース

③ 変更したHTMLファイルを上書き保存する

(CSS)

① CSSファイルをコピーし、ファイル名を変更する

「reidai23.css」をコピーし、ファイル名を「reidai24.css」に変更します。

② メモ帳でCSSファイルを開き、ソースを変更する

「reidai24.cssの完成ソース」を参考に、色文字になっている部分を変更し、不要な部分は削除してください。

実際にメモ帳で作成したソース

```css
@charset "utf-8";
/* 例題24のCSS */
body,
p {
        margin: 0;
        padding: 0;
}
.box {
        width: 200px;
        height: 200px;
        padding: 20px;
        margin: 10px;
        border: 2px solid #333333;
        background-color: #a562f8;
        color: #ffffff;
}
.content-box-example {
        box-sizing: content-box; /* コンテンツボックスモデル */
}
.border-box-example {
        box-sizing: border-box; /* ボーダーボックスモデル */
}
```

③ 変更したCSSファイルを上書き保存する

(表示の確認)

① 作成したHTMLファイルをブラウザで表示する

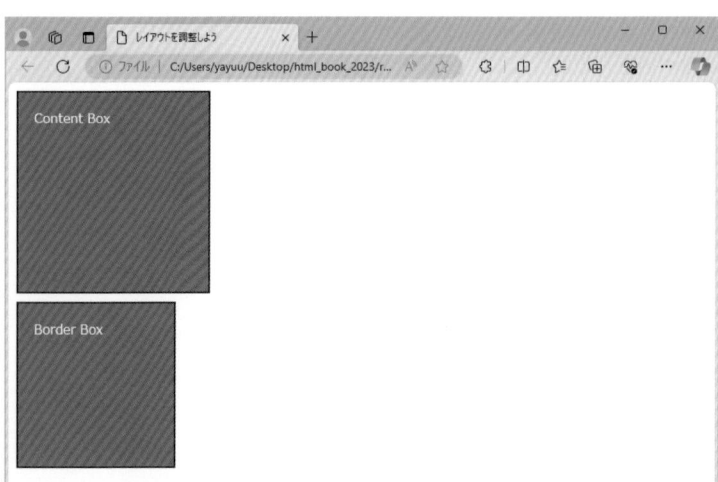

ディスプレイプロパティ

学習のポイント

☑ ディスプレイプロパティの基本概念を理解する

☑ ブロックレベルとインラインレベルについて学ぶ

　このレッスンでは、ディスプレイプロパティについて学びます。PART10ではフレックスボックスやグリッドレイアウトを指定するのにディスプレイプロパティを使用しましたが、あらためてこのレッスンでディスプレイプロパティについて解説します。

　ディスプレイプロパティは、CSSで要素の表示方法を指定するために使用されます。このプロパティにはさまざまな値があります。以下に、一部の主要なディスプレイプロパティの値を解説します。

PART
11

1. block：

- 要素は新しい行から始まり、その後に新しい行が続きます。
- 要素は親要素の幅いっぱいを占めます。高さ、幅、マージン、パディングなどを指定できます。
- デフォルトでブロックの値を持つ要素：<div>、<p>、<h1>など

配置の一例

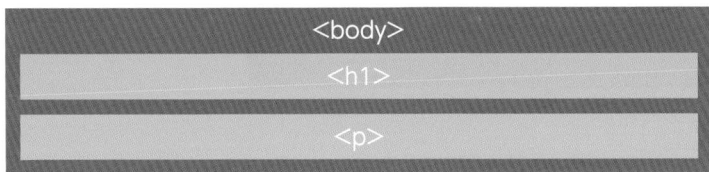

2. inline:

- 要素は新しい行から始まらず、要素の横に他の要素が並びます。
- 幅と高さの指定ができず、マージン上下、パディング上下も指定できません。
- デフォルトでインラインの値を持つ要素：<span>、<a>、<strong>など

配置の一例

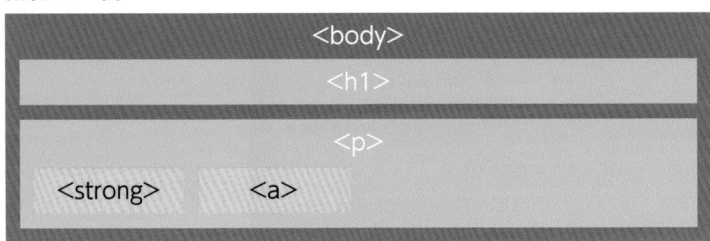

3. inline-block:
- 要素は新しい行から始まらず、他の要素と横に並びます。
- 幅や高さの指定ができ、マージンやパディングも指定できます。

配置の一例

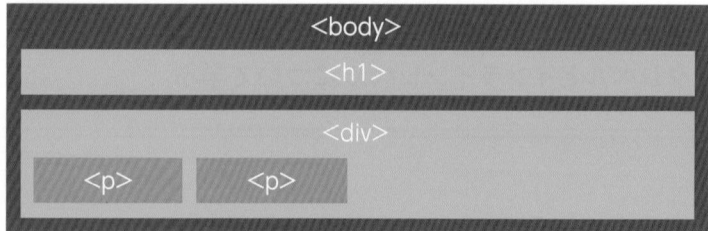

4. none:
- 要素は非表示になります。
- この設定を使用すると、要素が完全に非表示になります。

5. flex:
- 親要素をフレックスコンテナにし、その子要素をフレックスアイテムとして配置します。

配置の一例

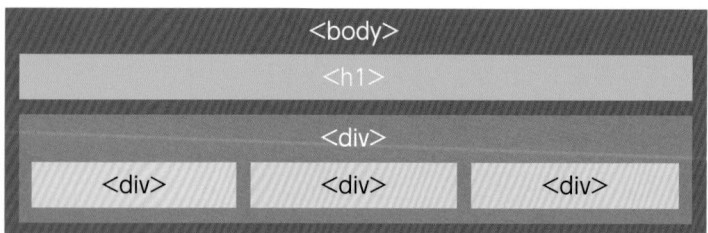

6. grid:
- 親要素をグリッドコンテナにし、その子要素をグリッドアイテムとして配置します。

配置の一例

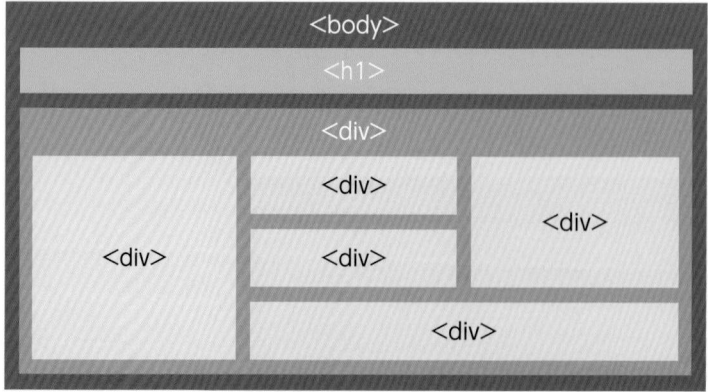

<table>
<tr><td>例題
25</td><td># プロパティの違いを理解しよう</td></tr>
</table>

▶ 例題の目的

displayプロパティを用いて、HTML要素の表示方法を理解する。

》 reidai25.html の完成ソース

```html
<!DOCTYPE html>
<html lang="ja">
    <head>
        <meta charset="UTF-8">
        <title> プロパティの違いを理解しよう </title>
        <link rel="stylesheet" href="css/reidai25.css">
    </head>
    <body>
        <!-- 値が block -->
        <h2>Block</h2>
        <div class="box block-element">display:block;</div>
        <div class="box block-element">display:block;</div>
        <div class="box block-element">display:block;</div>
        <!-- 値が inline 3 つめは値が none のクラスも追加 -->
        <h2>Inline</h2>
        <span class="box inline-element">display:inline;</span><span class="box ↵
 inline-element">display:inline;</span><span class="box inline-element none- ↵
element">display:inline;</span>
        <!-- 値が inline-block -->
        <h2>Inline-Block</h2>
        <div class="box inline-block-element">display:inline-block;</div>
        <div class="box inline-block-element">display:inline-block;</div>
        <div class="box inline-block-element">display:inline-block;</div>
        <!-- 値が flex -->
        <h2>Flex</h2>
        <div class="container">
          <div class="box flex-container">
            <p>Flex Item 1</p>
          </div>
          <div class="box flex-container">
            <p>Flex Item 2</p>
```

```
            </div>
            <div class="box flex-container">
                <p>Flex Item 3</p>
            </div>
        </div>
        <!-- 値が grid -->
        <h2>Grid</h2>
        <div class="grid-container">
            <div class="grid-item">Grid Item 1</div>
            <div class="grid-item">Grid Item 2</div>
            <div class="grid-item">Grid Item 3</div>
        </div>
    </body>
</html>
```

» reidai25.css の完成ソース

```
@charset "utf-8";
/* 例題 25 の CSS */
body {
    margin: 0;
    padding: 20px;
}
.box {
    border: 2px solid #333333;
    background-color: #e4cffd;
    padding: 10px;
    margin: 10px;
}
.block-element {
    display: block;
}
.inline-element {
    display: inline;
}
.none-element {
    display: none;
}
.inline-block-element {
```

```
        display: inline-block;
}
.container {
        display: flex;
        justify-content: space-between;
}
.flex-container {
        display: flex;
        align-items: center;
}
.grid-container {
        display: grid;
        grid-template-columns: repeat(3, 1fr);
        gap: 10px;
}
.grid-item {
        border: 2px solid #333333;
        background-color: #e4cffd;
        padding: 10px;
        text-align: center;
}
```

▶ ソースの注釈

(HTML)

ディスプレイプロパティに指定している値を見出しとして<h2>で表しています。

各要素に共通となる.boxと見出しの値に対応するためのクラスを指定しています。このように、一つの要素に複数のクラスを設定することができます。記述する際に、クラス名の間に半角スペースをいれましょう。

CSSで指定できるように、それぞれの要素に以下のクラス名を設定しています。

block：block-element

inline：inline-element

inline-block：inline-block-element

flex：container,flex-container

grid：grid-container

inlineの3つめの要素には.none-elementを設定しています。

CSS

.box：クラスセレクタです。各プロパティで境界線、文字色、背景色、余白を指定しています。

.block-element：クラスセレクタです。

displayプロパティの値にblockを指定することで、要素がそれぞれ新しい行からはじまります。

.inline-element：クラスセレクタです。

displayプロパティの値にinlineを指定することで、要素がそれぞれ横並びになります。

.none-element：クラスセレクタです。

displayプロパティの値noneを指定することで、表示が消えます。そのため、html上では3つの要素がありますが、ブラウザに表示される際には2つになります。

.inline-block-element：クラスセレクタです。

displayプロパティの値にinline-blockを指定することで、横幅、高さ、余白を調整できます。

.container：クラスセレクタです。

displayプロパティの値にflexを指定することで、要素がフレックスコンテナになり、内部の子要素がフレックスアイテムになります。

justify-contentプロパティの値にspace-betweenを指定することで、アイテムを横方向に均等に配置します。

.flex-container：クラスセレクタです。

displayプロパティの値にflexを指定することで、要素がフレックスコンテナになり、内部の子要素がフレックスアイテムになります。

align-itemsプロパティの値にcenterを指定することで、子要素を中央で揃えます。

.grid-container：クラスセレクタです。

displayプロパティの値にgridを指定することで、要素がグリッドコンテナになり、内部の子要素がグリッドアイテムになります。

grid-template-columnsプロパティの値にrepeat(3, 1fr)を指定することで、3つの列は全て同じ幅になります。

gapプロパティの値を10pxに指定することで、列と行の間は10pxになります。

.grid-item：クラスセレクタです。各グリッドアイテムに指定することで、共通のスタイルを適用します。

▶ **操作**

HTML

① HTMLファイルをコピーし、ファイル名を変更する

「reidai24.html」をコピーし、ファイル名を「reidai25.html」に変更します。

② メモ帳でHTMLファイルを開き、ソースを変更する

「reidai25.htmlの完成ソース」を参考に、色文字になっている箇所を変更し、完成ソースと同じ内容になるように変更してください。

実際にメモ帳で作成したソース

```
<!DOCTYPE html>
<html lang="ja">
    <head>
        <meta charset="UTF-8">
        <title>プロパティの違いを理解しよう</title>
        <link rel="stylesheet" href="css/reidai25.css">
    </head>
    <body>
        <!-- 値がblock -->
        <h2>Block</h2>
        <div class="box block-element">display:block;</div>
        <div class="box block-element">display:block;</div>
        <div class="box block-element">display:block;</div>
        <!-- 値がinline 3つめは値がnoneのクラスも追加-->
        <h2>Inline</h2>
        <span class="box inline-element">display:inlign;</span>
        <span class="box inline-element">display:inlign;</span>
        <span class="box inline-element none-element">display:inlign;</span>
        <!-- 値がinline-block -->
        <h2>Inline-Block</h2>
        <div class="box inline-block-element">display:inlign-block;</div>
        <div class="box inline-block-element">display:inlign-block;</div>
        <div class="box inline-block-element">display:inlign-block;</div>
        <!-- 値がflex -->
        <h2>Flex</h2>
        <div class="container">
            <div class="box flex-container">
                <p>Flex Item 1</p>
            </div>
            <div class="box flex-container">
                <p>Flex Item 2</p>
            </div>
            <div class="box flex-container">
                <p>Flex Item 3</p>
            </div>
        </div>
        <!-- 値がgrid -->
        <h2>Grid</h2>
        <div class="grid-container">
            <div class="grid-item">Grid Item 1</div>
            <div class="grid-item">Grid Item 2</div>
            <div class="grid-item">Grid Item 3</div>
        </div>
    </body>
</html>
```

reidai25.html ／ 行 45、列 8 ／ 100% ／ Windows (CRLF) ／ UTF-8

③ 変更したHTMLファイルを上書き保存する

（CSS）

① CSSファイルをコピーし、ファイル名を変更する

「reidai24.css」をコピーし、ファイル名を「reidai25.css」に変更します。

② メモ帳でCSSファイルを開き、ソースを変更する

「reidai25.cssの完成ソース」を参考に、色文字になっている箇所を変更し、完成ソースと同じ内

233

容になるように変更してください。

実際にメモ帳で作成したソース

```
@charset "utf-8";
/* 例題25のCSS */
body {
        margin: 0;
        padding: 20px;
}
.box {
        border: 2px solid #333333;
        background-color: #e4cffd;
        padding: 10px;
        margin: 10px;
}
.block-element {
        display: block;
}
.inline-element {
        display: inline;
}
.none-element {
        display: none;
}
.inline-block-element {
        display: inline-block;
}
.container {
        display: flex;
        justify-content: space-between;
}
.flex-container {
        display: flex;
        align-items: center;
}
.grid-container {
        display: grid;
        grid-template-columns: repeat(3, 1fr);
        gap: 10px;
}
.grid-item {
        border: 2px solid #333333;
        background-color: #e4cffd;
        padding: 10px;
        text-align: center;
}
}|
```

reidai25.css

ファイル　　編集　　表示

行 43、列 2　　|　100%　　|　Windows (CRLF)　　|　UTF-8

3 **変更したCSSファイルを上書き保存する**

1 作成したHTMLファイルをブラウザで表示する

Lesson
3

ポジショニング

学習のポイント
- ☑ ポジショニングの基本概念を理解する
- ☑ static、relative、absolute、fixed、stickyについて学ぶ
- ☑ ポジショニングを使用したレイアウトの調整方法を覚える

　HTML要素の配置を綿密にコントロールするための「ポジショニング」について学びます。

　ポジションプロパティは、CSSで要素をページ上でどのように配置するかを指定するために使用されます。このプロパティにはさまざまな値があります。以下に、一部の主要なポジションプロパティの値を解説します。また、以下のプロパティは主にtop、left、right、bottomといった位置表示の値と共に使用します。

1. static (静的):
- デフォルトの値。
- **top**、**right**、**bottom**、**left**のプロパティは効果がありません。

2. relative (相対):
- 通常配置される位置を基準にし、相対位置を指定します。
- **top**、**right**、**bottom**、**left**で位置を微調整できます。

3. absolute (絶対):
- 親要素にposition:static;以外を指定している場合、その親要素基準にし、絶対位置を指定します。
- **top**、**right**、**bottom**、**left**で位置を指定できます。

4. fixed (固定):
- ウィンドウサイズを基準に絶対位置を指定します。
- **top**、**right**、**bottom**、**left**で位置を指定できます。

5. sticky (スティッキー):
- 指定されたスクロール範囲になると、その位置で固定されます。親要素や兄弟要素に高さ指定がない場合は、うまく動作しません。
- **top**、**right**、**bottom**、**left**で位置を指定できます。

　それでは、実際にこれらのポジションプロパティを設定するとどのように表示されるのか、例題で見ていきましょう。

例題

26 要素を配置しよう

▶ 例題の目的

positionプロパティを使用して、HTML要素の位置を制御する基本を学ぶ。

≫ reidai26.html の完成ソース

```html
<!DOCTYPE html>
<html lang="ja">
    <head>
        <meta charset="UTF-8">
        <title> 要素を配置しよう </title>
        <link rel="stylesheet" href="css/reidai26.css">
    </head>
    <body>
        <div class="container">
          <div class="static-element">Static Element</div>
          <div class="relative-element">Relative Element</div>
          <div class="absolute-element">Absolute Element</div>
          <div class="fixed-element">Fixed Element</div>
          <div class="sticky-element">Sticky Element</div>
        </div>
    </body>
</html>
```

≫ reidai26.css の完成ソース

```css
@charset "utf-8";
/* 例題 26 の CSS */
body {
    margin: 0;
}
.container {
    position: relative;
    height: 3000px;
    background-color: #f0f0f0;
    padding: 20px;
    border: 2px solid #333333;
```

```
}
.static-element {
     position: static;
     border: 2px solid #333333;
     padding: 10px;
     background-color: #ffffff;
}
.relative-element {
     position: relative;
     top: 120px;
     left: 20px;
     border: 2px solid #333333;
     padding: 10px;
     background-color: #ffcccb;
}
.absolute-element {
     position: absolute;
     top: 20px;
     right: 20px;
     border: 2px solid #333333;
     padding: 10px;
     background-color: #aaffaa;
}
.fixed-element {
     position: fixed;
     bottom: 20px;
     right: 20px;
     border: 2px solid #333333;
     padding: 10px;
     background-color: #a0c8ff;
}
.sticky-element {
     position: sticky;
     top: 20px;
     border: 2px solid #333333;
     padding: 10px;
     background-color: #ffd700;
}
```

▶ ソースの注釈

(HTML)

親要素となるdivにクラス名containerを設定します。この要素が相対的な基準となります。

子要素となる各divにそれぞれクラス名を設定します。

(CSS)

各ポジションを設定した位置などがわかりやすいように、それぞれ境界線や背景色を設定しています。

.containerのポジションはrelativeを設定し、スクロールバーを表示させるために高さ（height）3000pxを設定します。

各クラスにそれぞれポジションと位置を設定します。

▶ 操作

(HTML)

1 HTMLファイルをコピーし、ファイル名を変更する

「reidai25.html」をコピーし、ファイル名を「reidai26.html」に変更します。

2 メモ帳でHTMLファイルを開き、ソースを変更する

「reidai26.htmlの完成ソース」を参考に、色文字になっている箇所を変更し、完成ソースと同じ内容になるように変更してください。

実際にメモ帳で作成したソース

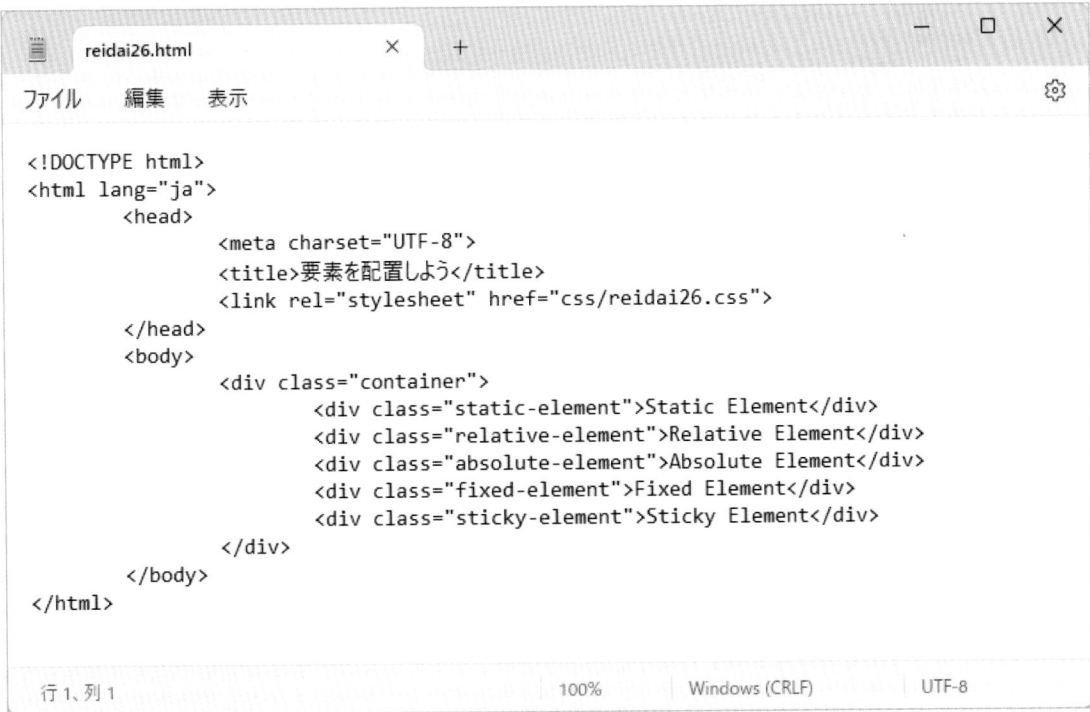

```
<!DOCTYPE html>
<html lang="ja">
        <head>
                <meta charset="UTF-8">
                <title>要素を配置しよう</title>
                <link rel="stylesheet" href="css/reidai26.css">
        </head>
        <body>
                <div class="container">
                        <div class="static-element">Static Element</div>
                        <div class="relative-element">Relative Element</div>
                        <div class="absolute-element">Absolute Element</div>
                        <div class="fixed-element">Fixed Element</div>
                        <div class="sticky-element">Sticky Element</div>
                </div>
        </body>
</html>
```

3 変更したHTMLファイルを上書き保存する

（CSS）

1 CSSファイルをコピーし、ファイル名を変更する

「reidai25.css」をコピーし、ファイル名を「reidai26.css」に変更します。

2 メモ帳でCSSファイルを開き、ソースを変更する

「reidai26.cssの完成ソース」を参考に、色文字になっている部分を変更・追加をしてください。

実際にメモ帳で作成したソース

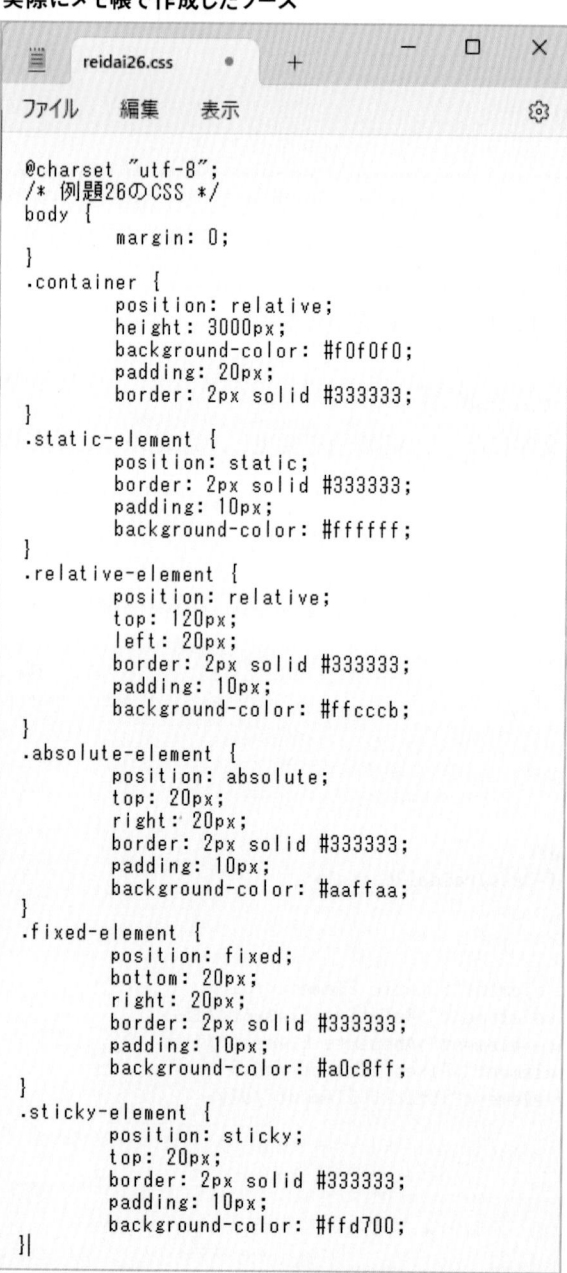

```
@charset "utf-8";
/* 例題26のCSS */
body {
        margin: 0;
}
.container {
        position: relative;
        height: 3000px;
        background-color: #f0f0f0;
        padding: 20px;
        border: 2px solid #333333;
}
.static-element {
        position: static;
        border: 2px solid #333333;
        padding: 10px;
        background-color: #ffffff;
}
.relative-element {
        position: relative;
        top: 120px;
        left: 20px;
        border: 2px solid #333333;
        padding: 10px;
        background-color: #ffcccb;
}
.absolute-element {
        position: absolute;
        top: 20px;
        right: 20px;
        border: 2px solid #333333;
        padding: 10px;
        background-color: #aaffaa;
}
.fixed-element {
        position: fixed;
        bottom: 20px;
        right: 20px;
        border: 2px solid #333333;
        padding: 10px;
        background-color: #a0c8ff;
}
.sticky-element {
        position: sticky;
        top: 20px;
        border: 2px solid #333333;
        padding: 10px;
        background-color: #ffd700;
}
```

3 変更したCSSファイルを上書き保存する

表示の確認

1 作成したHTMLファイルをブラウザで表示する

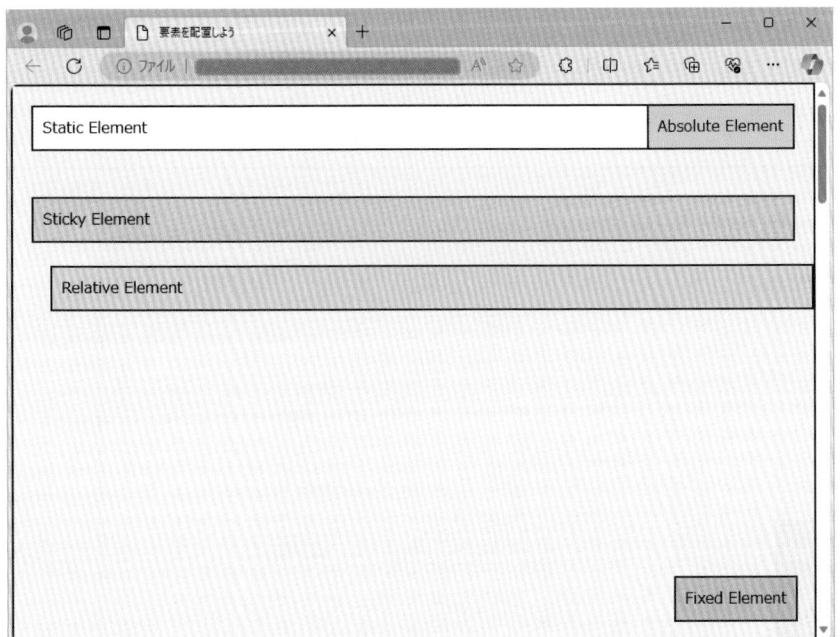

スクロール前。全ての要素が表示される。

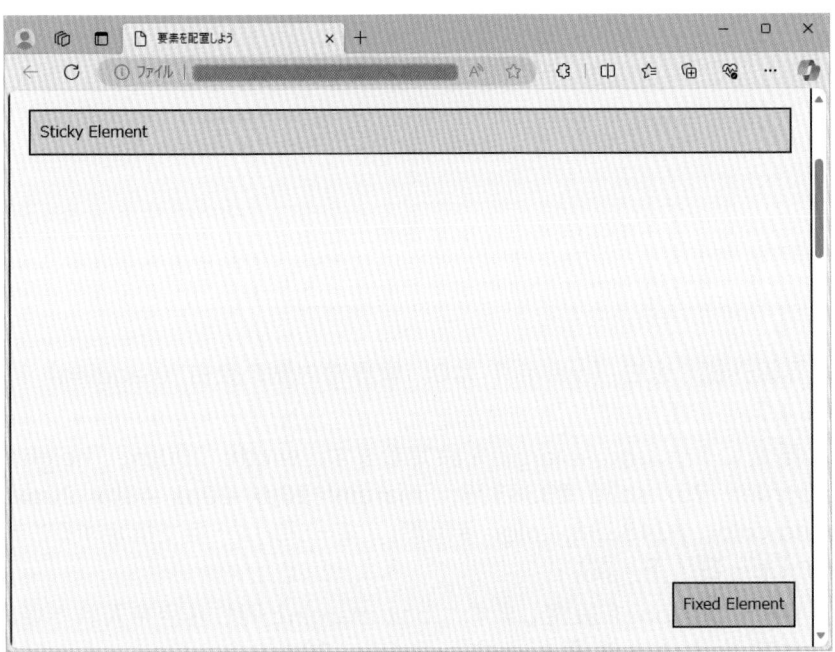

スクロール後はfixdとstickyを設定した要素のみ表示される。

演習問題 **53**

ボックスモデル（マージン、パディング、ボーダー）を使用してレイアウトを調整する

ブラウザに次のように表示されるHTMLファイルを作成しなさい。

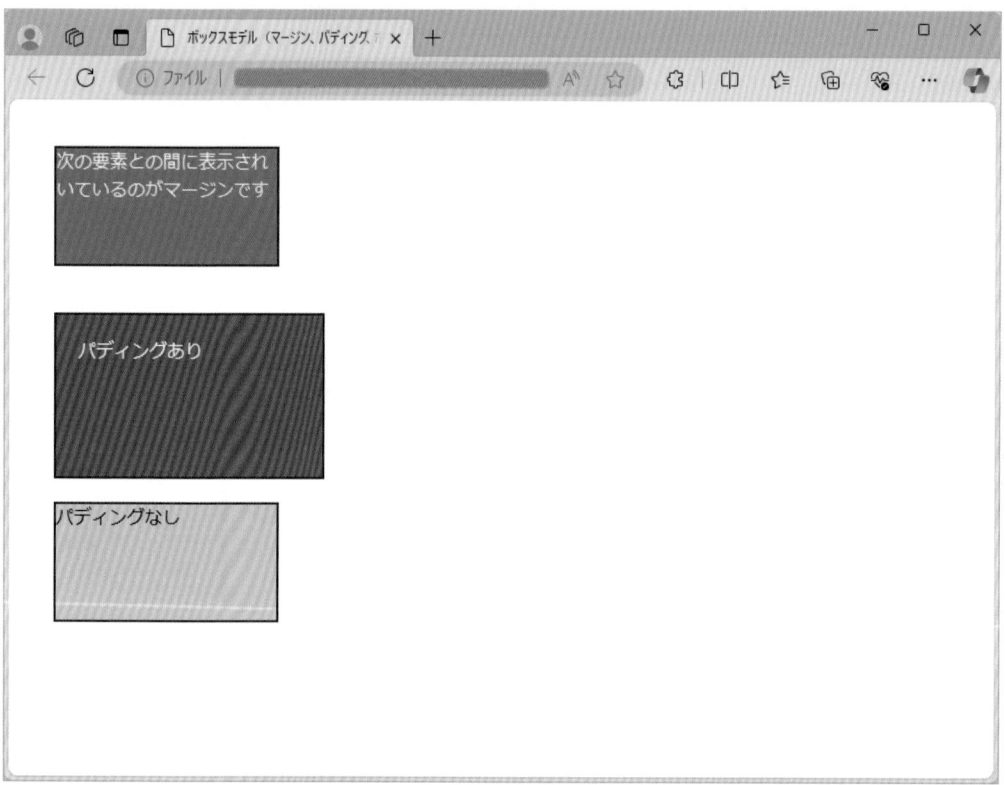

 ・ bodyの境界線外側の余白（margin）は0、境界線内側の余白（padding）は20にしましょう。

・ 最初のdiv要素にクラス.box-marginを設定します。width: 200px; height: 100px; border: 2px solid #333333; margin: 20px 20px 40px 20px; background-color: #248888; color: #ffffff; マージンは一括で指定することができます（上・右・下・左）

・ 次のdiv要素にクラス.boxを設定します。.box-marginと同じ内容を入れた後、マージンと背景色のみ変更します。margin: 20px; background-color: #e7475e;

・ 次のdiv要素にクラス.box2を設定します。.boxと同じ内容を入れた後、境界線外側の余白（margin）と背景色（background-color）を変更し、文字色（color）を削除します。margin: 0px 20px; background-color: #f0d879; マージンは一括で指定することができます（上下・左右）。

演習問題 54

作成したレイアウトのbox-sizingを変更する

ブラウザに次のように表示されるHTMLファイルを作成しなさい。

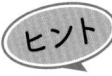

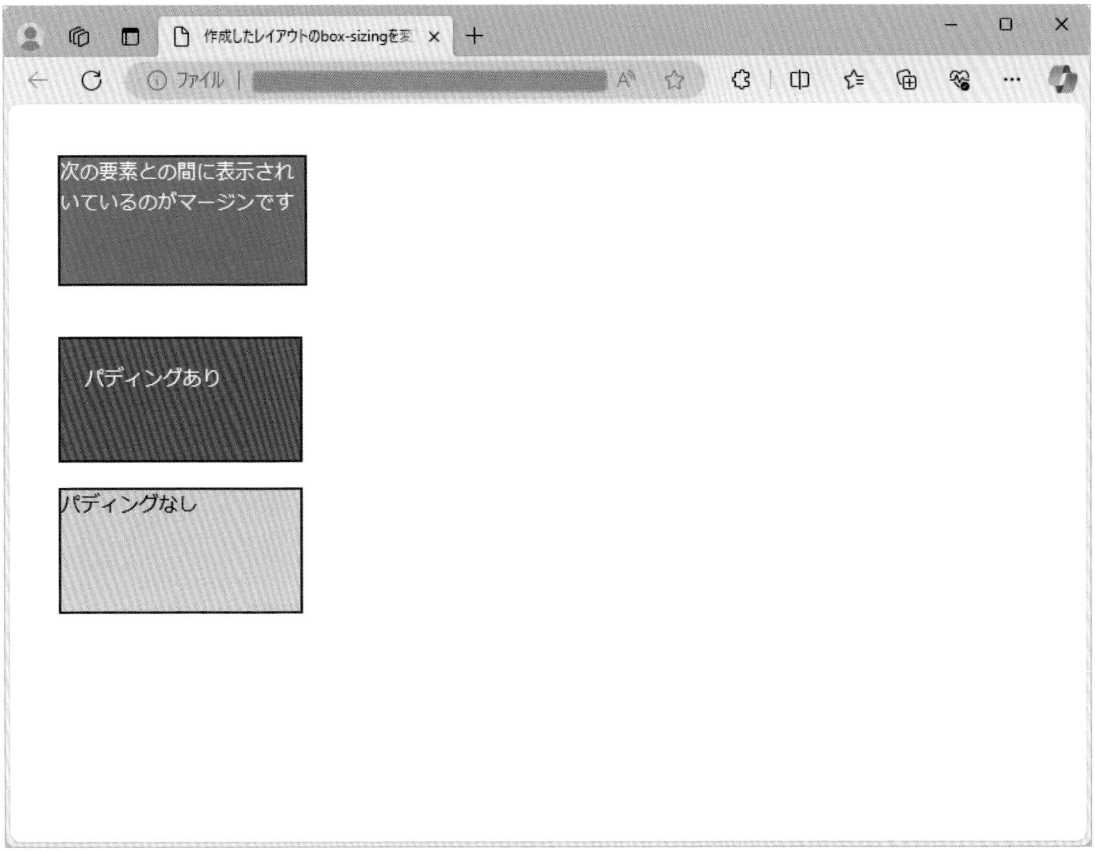
作成したレイアウトのbox-sizingを変
ファイル
次の要素との間に表示され
いているのがマージンです
パディングあり
パディングなし

ヒント

- enshu52.htmlとenshu52.cssをコピーして名前をenshu53.html、enshu53.cssに変更しましょう。
- .boxと.box2にbox-sizing: border-box; を指定しましょう。

PART 11

ディスプレイプロパティを使用したレイアウトを作成する

ブラウザに次のように表示されるHTMLファイルを作成しなさい。

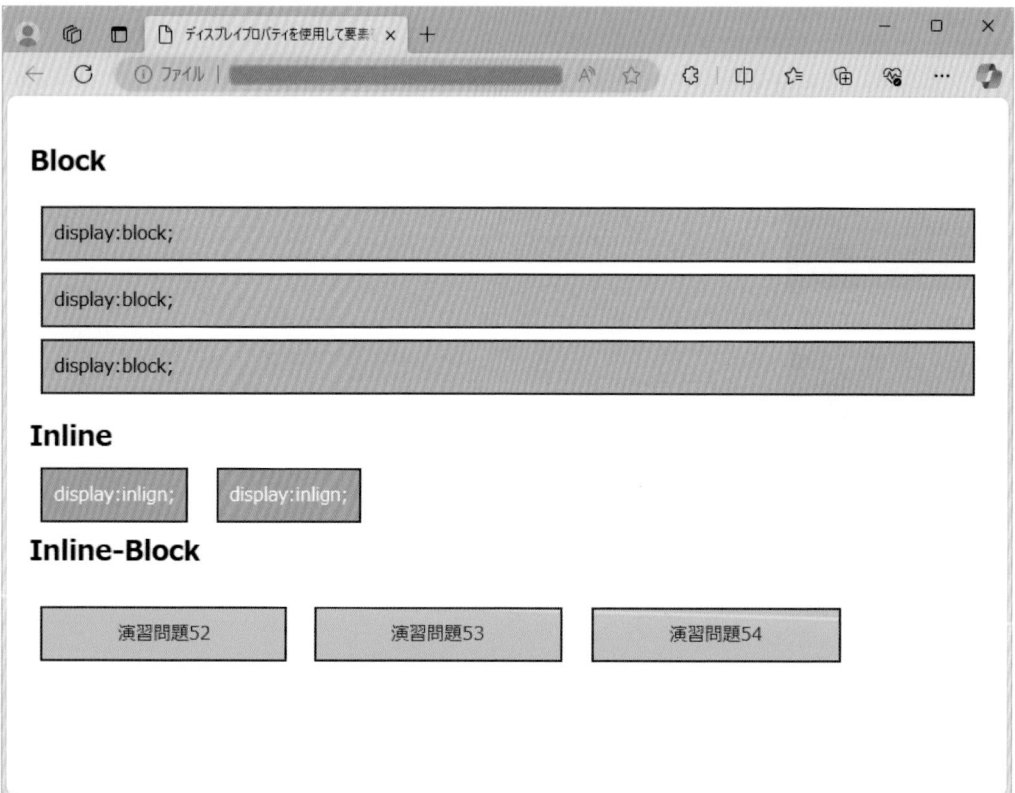

 ヒント

- reidai25.html、reidai25.cssをそれぞれコピーしenshu55.html、enshu55.cssにファイル名を変更します。
- span要素のディスプレイプロパティをblockにし、背景色（background-color）は#f7bd5bにしましょう。
- p要素のディスプレイプロパティをinlineにし、背景色（background-color）は#80b1ebにしましょう。
- ul要素の余白（marginとpadding）を0にし、リストのマーカーの指定（list-style）をnoneにしましょう。
- li要素に.boxの内容をコピーした後、幅（width）を200px、ディスプレイプロパティをinline-block、背景色（background-color）は#87ecd5にしましょう。
- a要素の下線を消し（text-decoration: none;）、マウスを載せた時（a:hover）に下線が表示される（text-decoration: underline）ようにしましょう。

演習問題 56

異なるポジショニング値（static、relative、absolute、fixed）を使って要素を配置する

ブラウザに次のように表示されるHTMLファイルを作成しなさい。

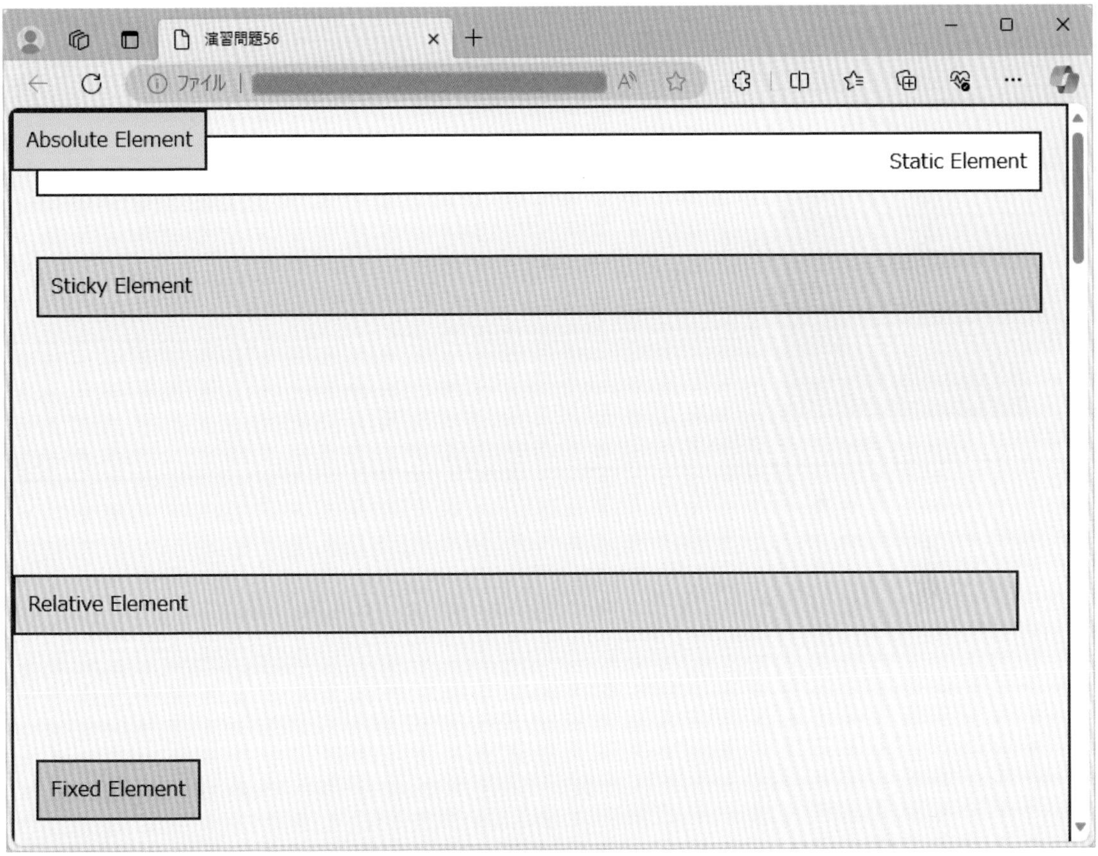

← C ① ファイル | 　　　　　　　　　　　　　　　 A ☆ ⟨³ ⊞ ⟨≡ ⊕ ⟨ ···

```
Absolute Element
                                                      Static Element


    Sticky Element




    Relative Element



  Fixed Element
```

ヒント

- reidai26.html、reidai26.cssをそれぞれコピーしenshu56.html、enshu56.css にファイル名を変更します。
- .containerの背景色（background-color）は# ddeaf9にしましょう。
- .absolute-elementpの位置は上（top）0、左（left）0にしましょう。
- .fixed-elementの位置は左（left）20にしましょう。
- .relative-elementの位置は上（top）300、右（right）20にしましょう。

演習問題 **57**

Z-indexプロパティを使用して要素のスタッキング順序を制御する

ブラウザに次のように表示されるHTMLファイルを作成しなさい。

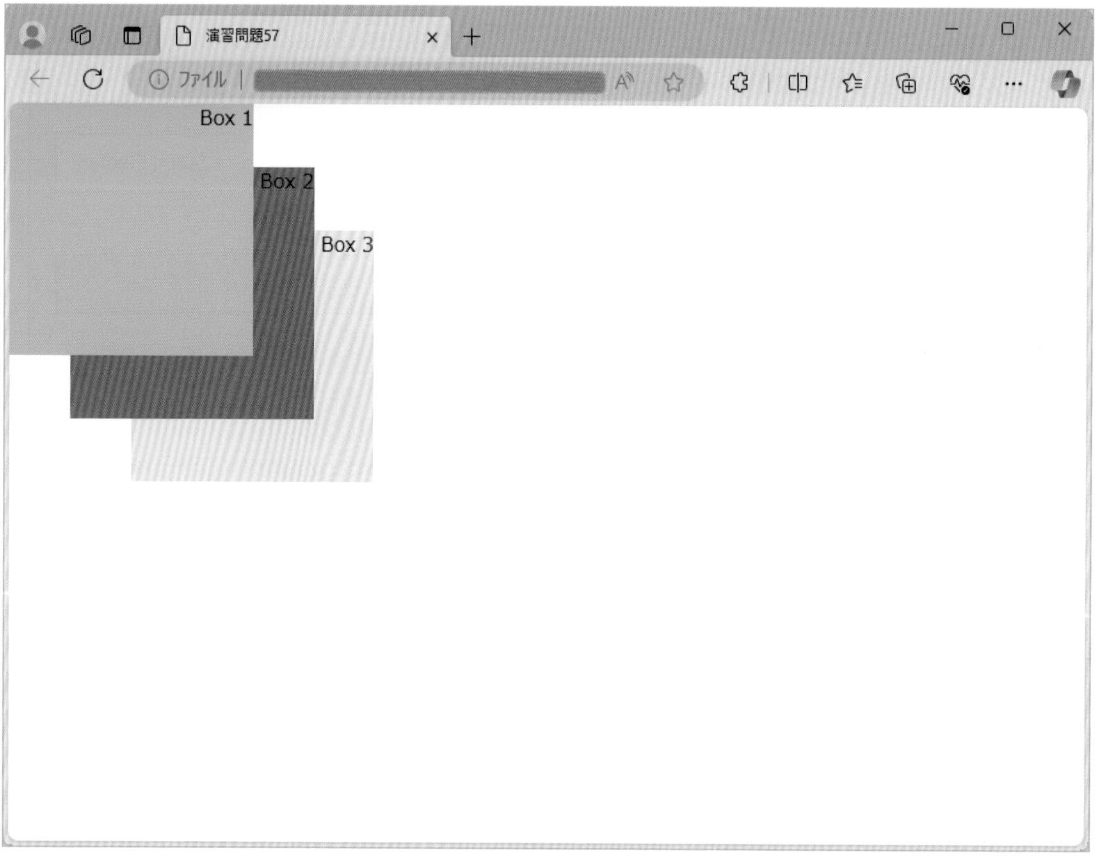

![ブラウザ画面：Box 1（水色）、Box 2（紫）、Box 3（ピンク）が重なって表示されている]

- div要素に共通のクラスboxを指定し、それぞれ個別の位置と色を設定するために、idをbox1、box2、box3を設定しましょう。
- .boxは幅（width）200px、高さ（height）200px、ポジション(position) absolute、テキストの位置（text-align）rightを設定しましょう。
- #box1の背景色（background-color）は#00e5ff、位置は上（top）0、左（left）0、重なり順（z-index）を3にしましょう。z-indexの数値が高いほど、その要素は他の要素よりも前面に表示されます。
- #box2の背景色（background-color）は#ba68cb、位置は上（top）50、左（left）50、重なり順（z-index）を2にしましょう。
- #box3の背景色（background-color）は#fce4ec、位置は上（top）100、左（left）100、重なり順（z-index）を1にしましょう。

PART **12**

CSSアニメーション

学習の狙い

このパートでは、CSSで表現できるアニメーションの基礎について学びます。

Lesson

1

アニメーションの基本

学習のポイント

☑ **CSSでのアニメーションを実装する際の基本的な考え方を理解する**

☑ **アニメーションに関連するプロパティの使い方を習得する**

☑ **keyframesの役割と機能を理解する**

　このレッスンでは、CSSを使用して動きや変化を表現するアニメーションの基本について解説します。アニメーションを作成するには、@keyframesルールや animationプロパティを使用します。

　@keyframesルールは、アニメーションの中でキーフレームを定義します。各キーフレームでは、要素のスタイルがどのように変化するか指定します。例えば、要素の位置、大きさ、色などのプロパティを指定することができます。

　animationプロパティは、要素にアニメーションを適用するために必要です。主に以下の値が使用されます。

1. `animation-name`

アニメーションに使用する@keyframesルールの名前を指定します。

2. `animation-duration`

アニメーションの完了にかかる時間を指定します。

3. `animation-timing-function`

アニメーションの進行速度を指定します（linear、ease、ease-in、ease-out、ease-in-out など）。

4. `animation-delay`

アニメーションの開始までの遅延時間を指定します。

5. `animation-iteration-count`

アニメーションの繰り返し回数を指定します（無限に続ける場合は `infinite`）。

6. `animation-direction`

アニメーションの進行方向を指定します（normal、reverse、alternate、alternate-reverse など）。

　それでは、実際にどのように動くか例題で見ていきましょう。

27 ボックスを動かしてみよう

▶ 例題の目的

@keyframesルールとanimationプロパティを理解する。

» reidai27.html の完成ソース

```
<!DOCTYPE html>
<html lang="ja">
    <head>
        <meta charset="UTF-8">
        <title> ボックスを動かしてみよう </title>
        <link rel="stylesheet" href="css/reidai27.css">
    </head>
    <body>
        <div class="animated-box"></div>
    </body>
</html>
```

PART
12

» reidai27.css の完成ソース

```
@charset "utf-8";
/* 例題 27 の CSS */
.animated-box {
    width: 100px;
    height: 100px;
    background-color: #3498db;
    animation-name: slide;
    animation-duration: 4s;
    animation-timing-function: ease-in-out;
}
@keyframes slide {
    0% {
        transform: translateX(0);
    }
    50% {
        transform: translateX(200px);
    }
```

249

```
    100% {
        transform: translateX(0);
    }
}
```

▶ ソースの注釈

(HTML)

div要素にクラスanimated-boxを指定しています。

(CSS)

このCSSは、正方形のボックスが横に200px動き、そこからまた元の位置に戻るアニメーションを実現します。

.animated-boxでは、縦横100px、背景色が#3498dbの正方形を、slideというアニメーションで4秒間動かす指定をします。

animation-nameで@keyframesルールの名前であるslideを指定します。

animation-durationでアニメーションの完了にかかる時間を4秒に指定します。

animation-timing-functionでアニメーションの進行速度を開始・終了付近の動きを緩やかに指定します。

@keyframes slideでは、0%、50%、100%の各キーフレームで、アニメーションがどのように変化するかを指定します。

0%では、transform: translateX(0);で、初期位置を0（左端）に指定します。

50%では、transform: translateX(200px);で、X軸方向（横方向）に200pxだけ移動する指定をします。

100%では、transform: translateX(0);で元の位置に戻る指定をします。

▶ 操作

(HTML)

1 HTMLファイルをコピーし、ファイル名を変更する

「reidai26.html」をコピーし、ファイル名を「reidai27.html」に変更します。

2 メモ帳でHTMLファイルを開き、ソースを変更する

「reidai27.htmlの完成ソース」を参考に、色文字になっている箇所を変更し、完成ソースと同じ内容になるように変更してください。

実際にメモ帳で作成したソース

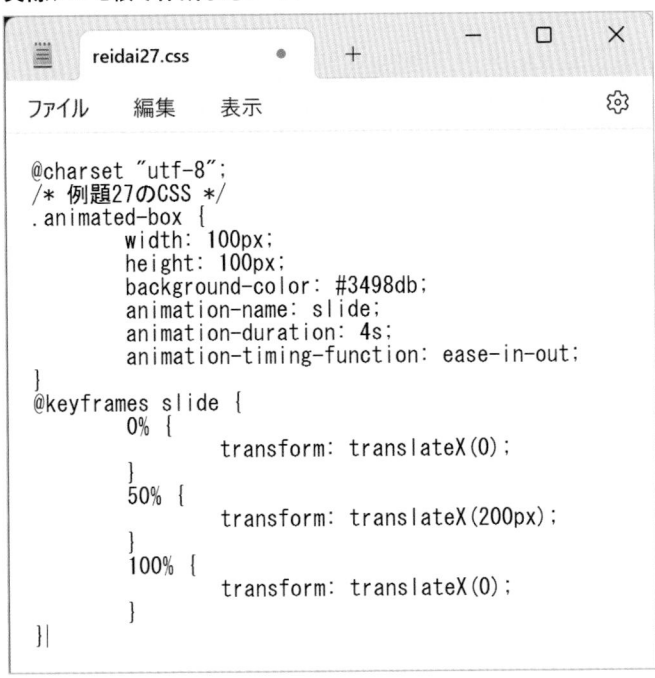

```
<!DOCTYPE html>
<html lang="ja">
        <head>
                <meta charset="UTF-8">
                <title>ボックスを動かしてみよう</title>
                <link rel="stylesheet" href="css/reidai27.css">
        </head>
        <body>
                <div class="animated-box"></div>
        </body>
</html>
```

③ 変更したHTMLファイルを上書き保存する

(CSS)

① CSSファイルをコピーし、ファイル名を変更する

　「reidai26.css」をコピーし、ファイル名を「reidai27.css」に変更します。

② メモ帳でCSSファイルを開き、ソースを変更する

　「reidai27.cssの完成ソース」を参考に、色文字になっている部分を変更し、不要な部分は削除してください。

実際にメモ帳で作成したソース

```
@charset "utf-8";
/* 例題27のCSS */
.animated-box {
        width: 100px;
        height: 100px;
        background-color: #3498db;
        animation-name: slide;
        animation-duration: 4s;
        animation-timing-function: ease-in-out;
}
@keyframes slide {
        0% {
                transform: translateX(0);
        }
        50% {
                transform: translateX(200px);
        }
        100% {
                transform: translateX(0);
        }
}
```

3 変更したCSSファイルを上書き保存する

（ 表示の確認 ）

1 作成したHTMLファイルをブラウザで表示する

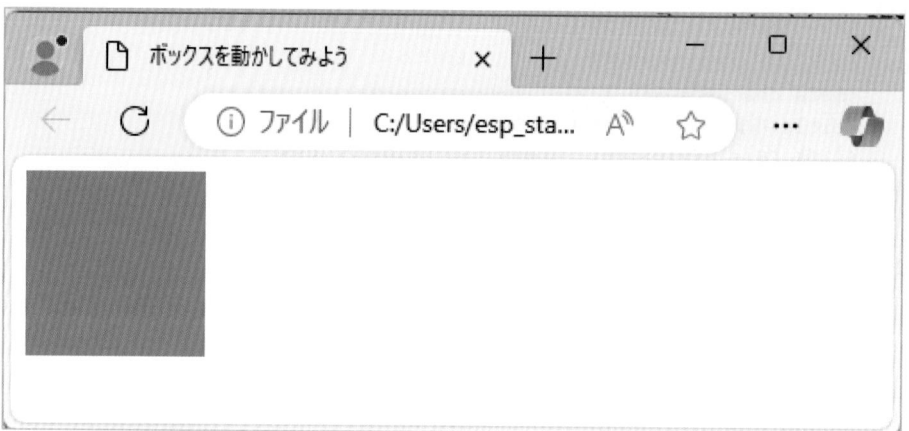

2

トランジション

学習のポイント
- ☑ transitionプロパティの基本的な役割と使い方を理解する
- ☑ 異なる状態間でスムーズな変化を持たせる方法を学ぶ
- ☑ トランジションの持続時間やタイミング関数を制御する技法を習得する

　このレッスンでは、CSSのtransitionプロパティを使用して、要素のスタイル変更をなめらかなアニメーションにする方法について解説します。通常、ユーザーが特定のアクションを実行したとき（例: マウスオーバー、クリック）に要素のスタイルを変更するために使用します。

　transitionは以下の4つのプロパティを一括で指定できるプロパティです。

1. transition-property
変化を受けるCSSプロパティ（例: `color`, `background`, `opacity` など）。

2. transition-duration
アニメーションの完了にかかる時間（秒またはミリ秒）。

3. transition-timing-function
アニメーションの進行速度（`ease`, `linear`, `ease-in`, `ease-out`, `ease-in-out` など）。

4. transition-delay
アニメーションが開始するまでの遅延時間。

　一括指定の記述方法は以下になります。

```
transition: transition-property transition-duration transition-timing-function
 transition-delay
```

　それでは、一括指定と個別指定でのサンプルソースを見てみましょう。

```
CSS のサンプルソース   ❶一括指定
.transition-box {
    width: 100px;
    height: 100px;
    left: 0;
    background: #3498db;
    position: relative;
    transition : width 2s ease 1s;
}
. transition-box:hover {
    width: 300px;
}
```

```
CSS のサンプルソース   ❷個別指定
.transition-box {
    width: 100px;
    height: 100px;
    left: 0;
    background: #3498db;
    position: relative;
    transition-property : width;
    transition-duration: 2s;
    transition-timing-function: ease;
    transition-delay: 1s;
}
. transition-box:hover {
    width: 300px;
}
```

　サンプルソースでは、クラスtransition-boxが指定された要素にマウスを載せた1秒後に、幅を2秒かけてなめらかに300pxまで伸ばす設定となっています。

　transitionプロパティはループ再生などができないので、ループ再生させる場合は、animationプロパティを使用しましょう。

アニメーションの
パフォーマンス

☑ CSSアニメーションのパフォーマンスに影響する要因を理解する
☑ ブラウザの再描画と再計算についての基礎的な知識を持つ

このレッスンでは、CSSアニメーションのパフォーマンスについて学びます。

will-changeプロパティは、要素がどのように変化するかをブラウザに伝えます。ブラウザは、要素が実際に変更される前に最適化を設定することができます。

ポイントは以下の2つです。

   1. 多くの要素に使わない。
   2. 対象の要素が変化する前に付与する。

translateプロパティは要素の変形を指定します。主に以下の値に数値をいれて指定します。

※（）内に入っている数値はサンプルです。任意の数値に変更することができます。

1. 移動（translate）
```
transform: translate(50px, 20px);
```
％（相対値）で設定することも可能です。

2. 回転（rotate）
```
transform: rotate(180deg);
```
通常時計回りで回転しますが、数値の前にマイナスをつけると反時計回りに回転します。角度（deg）で指定します。

3. 拡大縮小（scale）
```
transform: scale (1.5);
```
1より多いと拡大、1より少ないと縮小されます。

また、これらはひとつのみではなく、回転しながら縮小など、複数指定することもできます。

それでは、例題を通じて、will-changeプロパティとtranslateプロパティを見ていきましょう。

例題 28 変形してみよう

例題の目的

transformプロパティを使用して、HTML要素の変形を制御する基本を学ぶ。

» reidai28.html の完成ソース

```
<!DOCTYPE html>
<html lang="ja">
    <head>
        <meta charset="UTF-8">
        <title>変形してみよう</title>
        <link rel="stylesheet" href="css/reidai28.css">
    </head>
    <body>
        <div class="transition-box"></div>
    </body>
</html>
```

» reidai28.css の完成ソース

```
@charset "utf-8";
/* 例題 28 の CSS */
.transition-box {
    width: 100px;
    height: 100px;
    left: 0;
    background: #3498db;
    position: relative;
    transition : transform 1s ease-out;
}
.transition-box:hover {
    will-change: transform;
}
.transition-box:active {
    background-color: #ffcccc;
    width: 200px;
    height: 200px;
    transform: rotate(180deg);
}
```

▶ ソースの注釈

HTML

divにクラス名transition-boxを設定します。

CSS

このCSSは、ボックスをマウスでクリックしている間、ボックスの背景色、幅、高さが回転しながら変形するアニメーションを実現します。

.transition-boxでは、縦横100px、背景色が#3498dbの正方形を、transformプロパティに対して1秒かけてアニメーションを指定をします。

transitionでは、1秒で徐々に緩やかになる変形を設定します。

.transition-box:hoverでは、マウスを載せた際に、will-changeでtransformすることを事前にブラウザに伝えます。

.transition-box:activeでは、ボックスをマウスがクリックしている間どのように変形するかを指定します。

background-color:で、背景色を#ffccccに変更します。

widthとheightで、それぞれ200pxのサイズに変更します。

transform: rotate(180deg);で、要素を180度回転させます。

▶ 操作

HTML

① HTMLファイルをコピーし、ファイル名を変更する

「reidai27.html」をコピーし、ファイル名を「reidai28.html」に変更します。

② メモ帳でHTMLファイルを開き、ソースを変更する

「reidai28.htmlの完成ソース」を参考に、色文字になっている箇所を変更し、完成ソースと同じ内容になるように変更してください。

実際にメモ帳で作成したソース

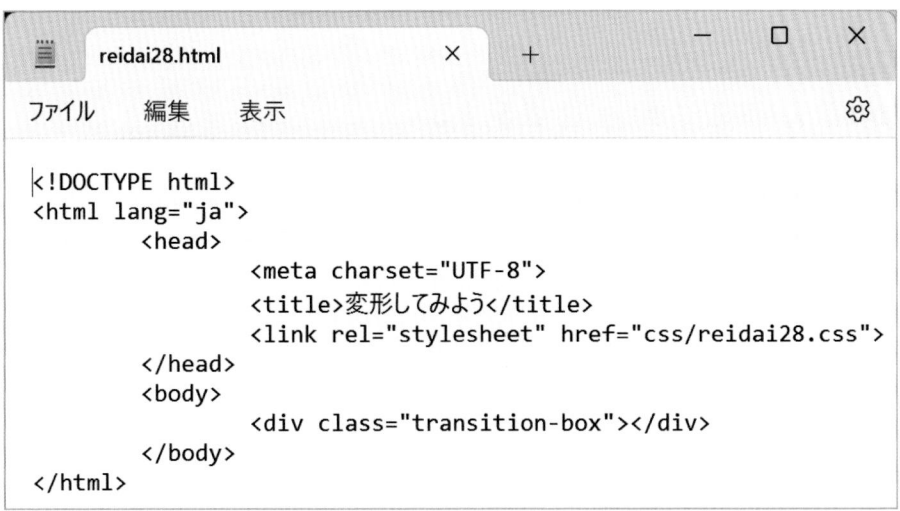

```
<!DOCTYPE html>
<html lang="ja">
        <head>
                <meta charset="UTF-8">
                <title>変形してみよう</title>
                <link rel="stylesheet" href="css/reidai28.css">
        </head>
        <body>
                <div class="transition-box"></div>
        </body>
</html>
```

PART
12

③ 変更したHTMLファイルを上書き保存する

(CSS)

① CSSファイルをコピーし、ファイル名を変更する

「reidai27.css」をコピーし、ファイル名を「reidai28.css」に変更します。

② メモ帳でCSSファイルを開き、ソースを変更する

「reidai28.cssの完成ソース」を参考に、色文字になっている部分を変更・追加をしてください。

実際にメモ帳で作成したソース

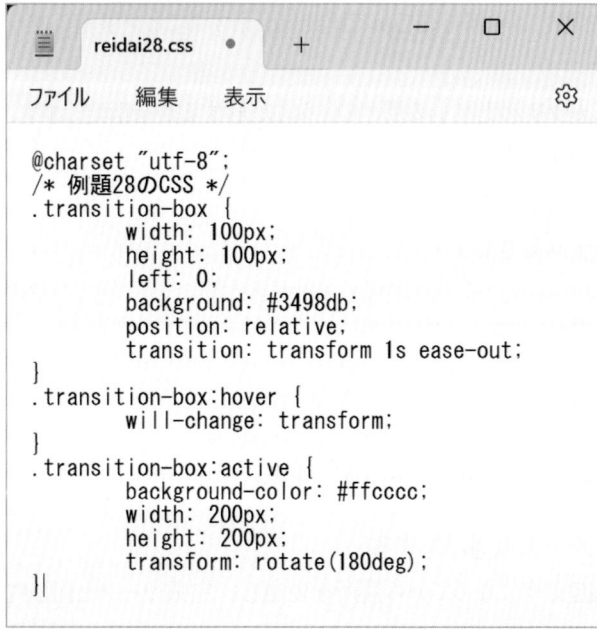

```
@charset "utf-8";
/* 例題28のCSS */
.transition-box {
        width: 100px;
        height: 100px;
        left: 0;
        background: #3498db;
        position: relative;
        transition: transform 1s ease-out;
}
.transition-box:hover {
        will-change: transform;
}
.transition-box:active {
        background-color: #ffcccc;
        width: 200px;
        height: 200px;
        transform: rotate(180deg);
}|
```

③ 変更したCSSファイルを上書き保存する

(表示の確認)

① 作成したHTMLファイルをブラウザで表示する

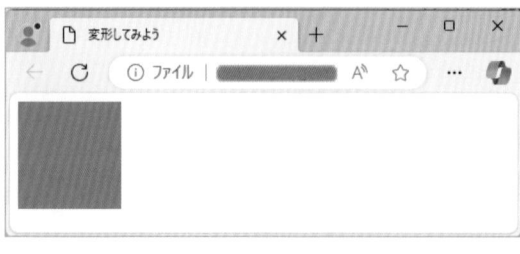

ボックスをマウスでクリックしている間、ボックスの背景色がブルーからピンクに、幅と高さが200pxに180度回転しながら変形するアニメーションが実行されます。

演習問題 58

keyframesを使用してアニメーションシーケンスを作成する

ブラウザに次のように表示されるHTMLファイルを作成しなさい。

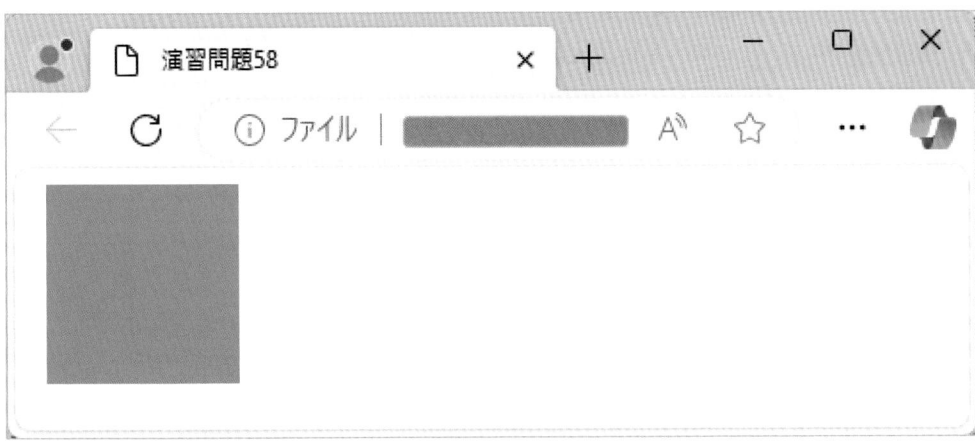

- div要素にクラスanimated-boxを設定します。
- animated-boxにanimationで@keyframesルールの名前であるmoveAndChangeColor、時間に5s、繰り返しにinfinite（ページを開いている間、ずっと繰り返す）を指定しましょう。
- @keyframes moveAndChangeColorにキーフレームを0%、50%、100%の3つを設定しましょう。
- 0%は左位置（left）0、背景色（background-color）#ee3695、50%は左位置（left）50%、背景色（background-color）#2d4160、100%は左位置（left）0、背景色（background-color）# cf9482を指定しましょう。

1回で動きが止まるアニメーションを作成する

ブラウザに次のように表示されるHTMLファイルを作成しなさい。

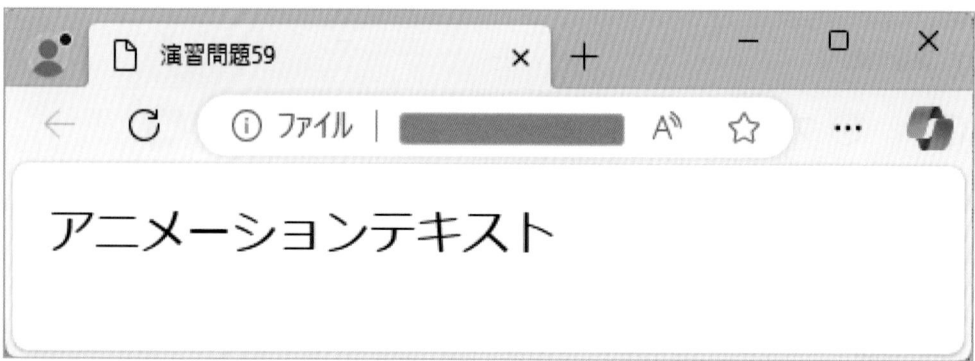

- div要素にクラスslide-in-textを設定します。
- slide-in-textにanimationで@keyframesルールの名前であるslideIn、時間に2s、繰り返しにforwards、文字の大きさ（font-size）24px、境界線外側の余白（padding）10pxを指定しましょう。
- @keyframes slideInにキーフレームをfromとtoを使用して設定しましょう。
- fromのX軸(横軸)への移動（translateX）に100%を指定しましょう。
- toのX軸(横軸)への移動（translateX）に0を指定しましょう。

演習問題 **60**

ループする回数を指定したアニメーションを作成する

ブラウザに次のように表示されるHTMLファイルを作成しなさい。

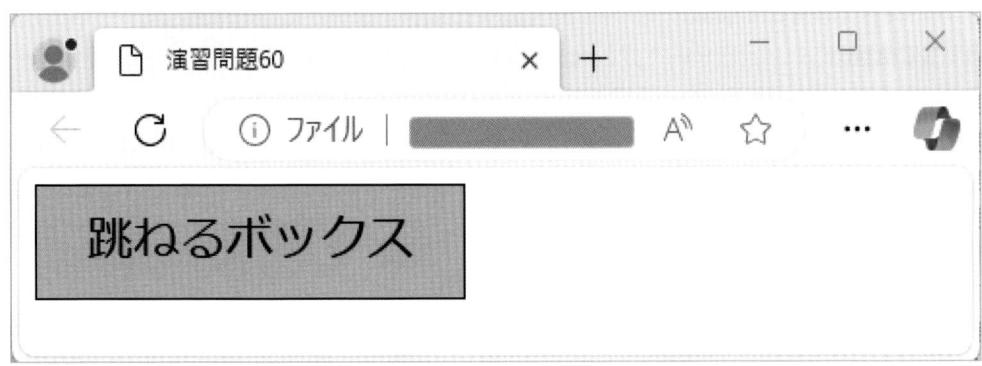

- div要素にクラスbounce-boxを設定します。

- bounce-boxにanimationで@keyframesルールの名前であるbounce、時間に2s、繰り返しに3を指定しましょう。これで3回アニメーションすると止まります。背景色（background-color）#f6b13eを指定しましょう。

- @keyframes slideInに0%, 20%, 50%, 80%, 100%（複数指定）、40%、60%の3つを設定しましょう。

- 0%, 20%, 50%, 80%, 100% のY軸(縦軸)への移動（translateY）に0を指定しましょう。

- 40%のY軸(縦軸)への移動（translateY）に-30pxを指定しましょう。値がマイナスの場合、上方向へ移動します。

- 60%のY軸(縦軸)への移動（translateY）に-15pxを指定しましょう。

演習問題 61

複数のアニメーションを組み合わせて複雑な動きを作成する

ブラウザに次のように表示されるHTMLファイルを作成しなさい。

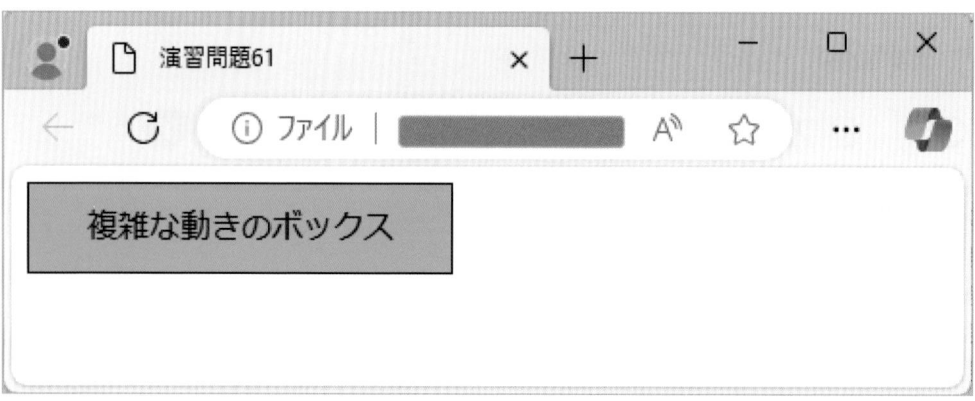

- div要素にクラスanimated-boxを設定します。
- animated-boxに背景色（background-color）#73d321を指定しましょう。
- animationで@keyframesルールの名前であるbounceRotateに時間を2sを指定しましょう。
- @keyframesルールの名前であるfadeOutに2.5s、繰り返しにforwards、時間差（deley）に2sを指定しましょう。
- @keyframes bounceRotateに0%, 20%, 50%, 80%, 100%（複数指定）、40%、60%の3つを設定しましょう。
- 0%, 20%, 50%, 80%, 100% のY軸(縦軸)への移動（translateY）に0、回転（rotate）に0degを指定しましょう。
- 40%のY軸(縦軸)への移動（translateY）に-30px、回転（rotate）に45degを指定しましょう。
- 60%のY軸(縦軸)への移動（translateY）に-15px、回転（rotate）に45degを指定しましょう。
- @keyframes fadeOutをfromの不透明度（opacity）に1、toの不透明度（opacity）に0を指定します。opacityの数値の範囲は1.0～0.0です。0.0は完全な透明の状態を表します。

演習問題 62

アニメーションを使用してボタンにホバーエフェクトを追加する

ブラウザに次のように表示されるHTMLファイルを作成しなさい。

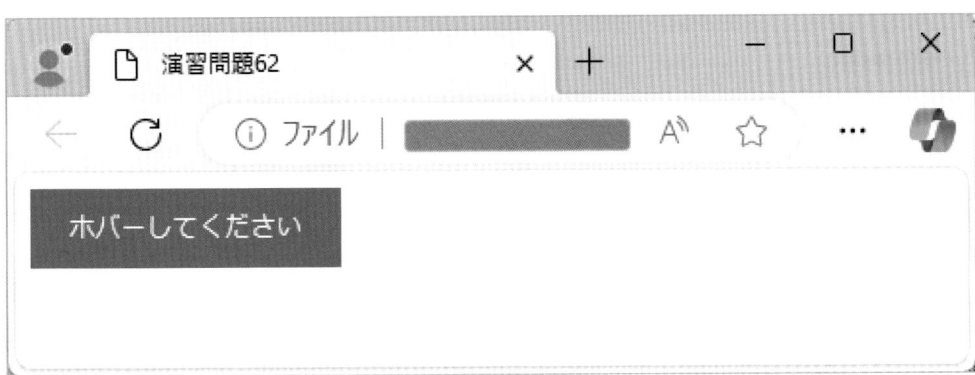

- button要素にクラスanimated-buttonを指定しましょう。
- animated-buttonに背景色（background-color）#007bff、境界線（border）はnoneを指定しましょう。
- animated-button:hoverにanimationで@keyframesルールの名前であるhoverAnimation、動きにease-in、時間に2s、繰り返しにinfiniteを指定しましょう。
- @keyframes hoverAnimationにキーフレームをfromとtoを使用して設定しましょう。
- fromの変形（transform）の拡大（scale）は1、背景色（background-color）に#007bffを指定しましょう。
- toの変形（transform）の拡大（scale）は1.05、背景色（background-color）に#0056b3を指定しましょう。

演習問題 **63**

transitionを使用してボタンにホバーエフェクトを追加する

ブラウザに次のように表示されるHTMLファイルを作成しなさい。

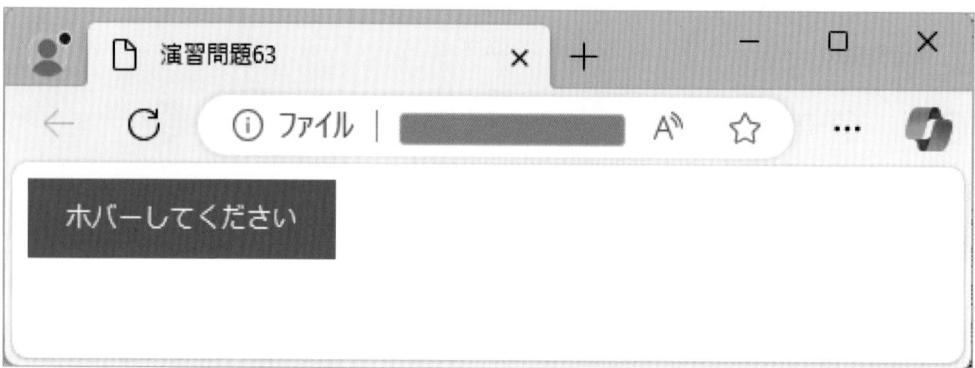

- button要素にクラスtransition-buttonを指定しましょう。
- transition-buttonに背景色（background-color）#007bff、境界線（border）はnoneを指定しましょう。
- transitionで変形（transform）0.3秒、背景色（background-color）0.3秒を指定しましょう。
- transition-buttonのhoverに拡大（scale）1.05倍、背景色（background-color）#0056b3を指定しましょう。

PART 13

レスポンシブ
デザインの基本

学習の狙い

このパートでは、様々なデバイスや画面サイズに適応させるレスポンシブデザインの基礎について学びます。

メディアクエリ

学習のポイント

☑ メディアクエリの役割と使用方法を理解する

☑ 異なるデバイスや画面サイズに合わせたスタイルを適用する方法を学ぶ

☑ レスポンシブデザインの重要性について知る

このレッスンでは、レスポンシブデザインにおける中心的な要素であるメディアクエリについて学びます。

メディアクエリ（Media Query）は、CSSで異なるデバイスや条件に応じて、スタイルを変更する機能です。@mediaルールを使用して定義され、条件に合致する場合にその中のスタイルが適用されます。

@mediaルールは複数設定することができます。この設定をブレイクポイントといいます。主流のブレイクポイントは新しい端末が発売され、使用する人が多い場合に変わることがあるため、ターゲットとする端末のモニターサイズは必ず確認しましょう。

メディアクエリの基本的な記述方法は以下になります。

```
@media media-type and (media-feature) {
  /* スタイルの定義 */
}
```

1. media-type

メディアの種類を指定します。screen（デフォルトでブラウザ画面を指します）、print（印刷時）、speech（音声ブラウザ）などがあります。

2. media-feature

特定の条件を指定します。これにより、デバイスの幅や高さ、解像度などの条件でスタイルを変更できます。

それでは、実際にどのようにスタイルが変更されるか、例題で見ていきましょう。

29 メディアクエリを使用する

▶ 例題の目的

@mediaルールを理解する。

» reidai29.html の完成ソース

```
<!DOCTYPE html>
<html lang="ja">
    <head>
        <meta charset="UTF-8">
        <title> メディアクエリを使用する </title>
        <link rel="stylesheet" href="css/reidai29.css">
    </head>
    <body>
        <div class="content">
            <h1> メディアクエリ </h1>
            <p> デバイスの幅に応じて、背景色を変更します。</p>
        </div>
    </body>
</html>
```

PART
13

» reidai29.css の完成ソース

```
@charset "utf-8";
/* 例題 29 の CSS */
body {
    margin: 0;
}
.content {
    padding: 20px;
    text-align: center;
}
/* デフォルトのスタイル */
body {
    background-color: #9fc4f0;
}
/* 600px 以下の画面幅に対するスタイル */
@media screen and (max-width: 600px) {
```

```
body {
    background-color: #a7f1e0;
}
}
```

▶ ソースの注釈

(HTML)

　div要素にクラスcontentを指定しています。

(CSS)

　body要素の背景色(background-color)が、画面幅に応じて切り替わるように設定しています。
ブラウザの画面が600px以下になると、背景色が薄いグリーンに変わります。

▶ 操作

(HTML)

1 HTMLファイルをコピーし、ファイル名を変更する

　「reidai28.html」をコピーし、ファイル名を「reidai29.html」に変更します。

2 メモ帳でHTMLファイルを開き、ソースを変更する

　「reidai29.htmlの完成ソース」を参考に、色文字になっている箇所を変更し、完成ソースと同じ内
容になるように変更してください。

実際にメモ帳で作成したソース

```
reidai29.html                            ●        +        —  □  ×

ファイル   編集   表示                                              ⚙

<!DOCTYPE html>
<html lang="ja">
        <head>
                <meta charset="UTF-8">
                <title>メディアクエリを使用する</title>
                <link rel="stylesheet" href="css/reidai29.css">
        </head>
        <body>
                <div class="content">
                        <h1>メディアクエリ</h1>
                        <p>デバイスの幅に応じて、背景色を変更します。</p>
                </div>
        </body>
</html>
```

3 変更したHTMLファイルを上書き保存する

(CSS)

1 CSSファイルをコピーし、ファイル名を変更する

　「reidai28.css」をコピーし、ファイル名を「reidai29.css」に変更します。

2 メモ帳でCSSファイルを開き、ソースを変更する

「reidai29.cssの完成ソース」を参考に、色文字になっている部分を変更し、不要な部分は削除してください。

実際にメモ帳で作成したソース

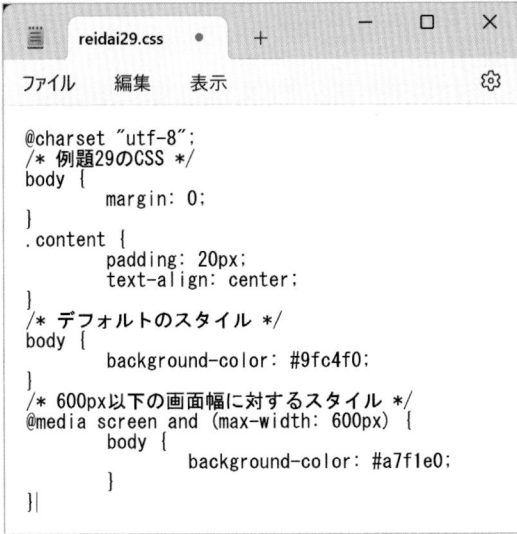

```
@charset "utf-8";
/* 例題29のCSS */
body {
        margin: 0;
}
.content {
        padding: 20px;
        text-align: center;
}
/* デフォルトのスタイル */
body {
        background-color: #9fc4f0;
}
/* 600px以下の画面幅に対するスタイル */
@media screen and (max-width: 600px) {
        body {
                background-color: #a7f1e0;
        }
}
```

3 変更したCSSファイルを上書き保存する

PART
13

表示の確認

1 作成したHTMLファイルをブラウザで表示する

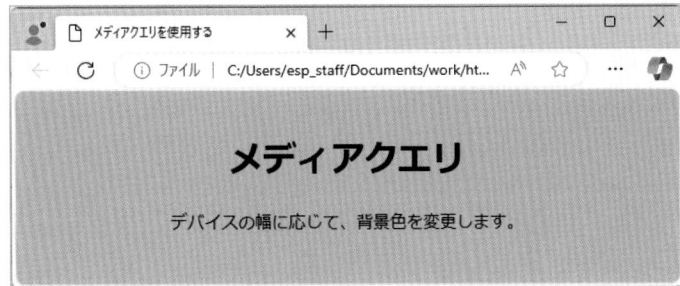

2 ブラウザの幅を変更する

600px以下になると、背景色が変わります。

<table>
<tr><td>Lesson
2</td><td># ビューポート</td></tr>
</table>

- ☑ ビューポートとは何か、その重要性を理解する
- ☑ ビューポートの設定方法を学ぶ
- ☑ 異なるデバイスに対応するためのビューポートの指定方法を知る

このレッスンでは、レスポンシブデザインにおいてよく使われる要素であるビューポートについて学びます。

ビューポート（viewport）は、Webページが表示される領域を指します。この領域はアクセスしたブラウザにレンダリングされたページと同じサイズではないことが多いです。その場合、ブラウザーはユーザーがスクロールしてすべてのコンテンツにアクセスできるようにスクロールバーが表示されます。モバイル端末などでは、縮小して表示される場合もあります。

また、表示の面以外でもビューポートを設定することで、サイト管理の手間を省く、UX（ユーザーエクスペリエンス）の向上、検索エンジンのクロールの効率化などにも影響があります。

ビューポートは、HTML文書の `<head>` セクション内に `meta` タグを使用して設定します。
ビューポートの基本的な記述方法は以下となります。

```
<meta name="viewport" content="width=device-width, initial-scale=1.0">
```

1. width
ビューポートの幅を指定します。一般的には device-width を使用して、デバイスの幅に合わせます。

2. height
ビューポートの高さを指定します。通常、設定する必要はありません。

3. initial-scale
初期のズームレベルを指定します。通常は 1.0 として設定され、デフォルトの拡大縮小を無効にします。

4. minimum-scale, maximum-scale
ユーザーによるズームの最小および最大のスケールを指定します。

5. user-scalable

　ユーザーによるズームの許可・禁止を指定します。yes（許可）かno（禁止）を設定します。最近のモバイル端末のブラウザでは、ユーザビリティの観点からユーザーが自由にズームできるように設定されている場合があります。その場合、禁止を設定してもズームが可能になるため、記述をしないことが増えています。

　それでは、サンプルソースでどのようにビューポートを設定するか見ていきましょう。

HTML のサンプルソース

```
<!DOCTYPE html>
<html lang="ja">
    <head>
        <meta charset="UTF-8">
        <meta name="viewport" content="width=device-width, initial-scale=1.0">
        <title> ビューポート </title>
    </head>
    <body>
        <h1> ズーム可能なコンテンツ </h1>
        <p> このページはズームが可能です。</p>
    </body>
</html>
```

PART
13

Lesson

3

フレキシブルな指定

☑ 画面サイズの変化に対応したレイアウトを実現する手法を知る
☑ 画像やメディアコンテンツが異なる画面サイズに対応する方法を学ぶ
☑ CSSを使用して画像を最適化する手法を知る

　このレッスンでは、画面サイズの変更に柔軟に対応したレイアウトや画像の設定方法について学びます。

　ここでは、PART10で学んだグリッドレイアウトを使用して、画面サイズの変更に柔軟に対応させます。Webサイトでよく見る、画像と文字がセットになった、PCでは複数列、モバイル端末では一列になるような、画面サイズに応じて列数が切り替わるレイアウトについて、例題を通して見ていきましょう。

例題
30 レスポンシブデザインに挑戦しよう

▶ 例題の目的

異なるデバイスサイズに対応したレスポンシブなウェブデザインを実装する技術を学ぶ。

» reidai30.html の完成ソース

```
<!DOCTYPE html>
<html lang="ja">
    <head>
        <meta charset="UTF-8">
            <meta name="viewport" content="width=device-width, initial-scale=1.0">
            <link rel="stylesheet" href="css/reidai30.css">
            <title> レスポンシブデザインに挑戦しよう </title>
    </head>
    <body>
        <div class="card-container">
            <div class="card">
                <img src="image/photo01.jpg" alt=" カード画像 1">
                <div class="card-content">
                    <h2> タイトル 1</h2>
                    <p> ここに素敵な説明文が入ります。ここに素敵な説明文が入ります。
ここに素敵な説明文が入ります。</p>
                </div>
            </div>
            <div class="card">
                <img src="image/photo02.jpg" alt=" カード画像 2">
                <div class="card-content">
                    <h2> タイトル 2</h2>
                    <p> ここに素敵な説明文が入ります。ここに素敵な説明文が入ります。
ここに素敵な説明文が入ります。</p>
                </div>
            </div>
            <div class="card">
                <img src="image/photo03.jpg" alt=" カード画像 3">
                <div class="card-content">
                    <h2> タイトル 3</h2>
                    <p> ここに素敵な説明文が入ります。ここに素敵な説明文が入ります。
ここに素敵な説明文が入ります。</p>
```

```
                </div>
            </div>
            <div class="card">
                <img src="image/photo04.jpg" alt=" カード画像 4">
                <div class="card-content">
                    <h2> タイトル 4</h2>
                    <p> ここに素敵な説明文が入ります。ここに素敵な説明文が入ります。 ⏎
ここに素敵な説明文が入ります。</p>
                </div>
            </div>
        </div>
    </body>
</html>
```

» reidai30.html の完成ソース

```
@charset "utf-8";
/* 例題 30 の CSS */
body, h2{
    margin: 0;
}
.card-container {
    display: grid;
    grid-template-columns: repeat(auto-fit, minmax(250px, 1fr));
    gap: 20px;
    justify-content: center;
    padding: 20px;
}
.card {
    box-shadow: 0 4px 8px rgba(0, 0, 0, 0.1);
    border-radius: 8px;
    overflow: hidden;
}
img {
    width: 100%;
    height: auto;
    object-fit: cover;
}
.card-content {
    padding: 20px;
}
```

```
h2 {
    margin-bottom: 10px;
}
```

▶ ソースの注釈

（HTML）

head要素内にviewportを設定します。

全体を囲うdiv要素にクラス名card-containerを設定します。

次のdiv要素にクラス名cardを設定し、その中に画像とクラス名card-contentを設定します。

クラスcard-contentを設定したdiv内にはh2要素とp要素が入ります。

（CSS）

Body要素とh2要素の境界線外側の余白（margin）を0にします。

.card-container

display: grid;で、グリッドコンテナを作成します。

grid-template-columnsで列の数と幅を指定します。

ここでは、repeat関数（repeat（繰り返しの回数, サイズ））を使用しています。

auto-fitは利用可能なスペースに最適にフィットする列の数を自動的に計算します。幅に応じて列数が増減します。

サイズの指定ではminmax(最小値, 最大値) 関数を使用しています。

minmax関数では、最小値と最大値の範囲でサイズを指定します。この場合、各列の最小幅は250pxで、最大幅は残りのスペースを等分する1frです。つまり、列は最低でも250pxの幅を持ち、余白がある場合は1frの比率で分配されます。

gapでグリッドアイテム間の間隔を20pxに設定します。これにより、カード間にスペースができます。

justify-content: center;で、グリッドアイテムを水平方向に中央に配置します。

.card

box-shadow: 0 4px 8px rgba(0, 0, 0, 0.1);

カードに影を付けます。0は水平方向のオフセット、4pxは垂直方向のオフセット、8pxはぼかしの半径、rgba(0, 0, 0, 0.1)は影の色（黒）と透明度を指定します。このような影は、要素を浮き上がらせ、視覚的な深みを与えます。

border-radius: 8px;

カードの角を8pxの半径で丸めます。これにより、カードの角が円滑になります。

overflow: hidden;

カード内の要素がカードの外側にはみ出すのを防ぎ、丸められた角が正しく表示されるようにします。

img

width: 100%;

画像を親要素（ここではクラス.cardを指定したdiv）の100%の幅に広げます。

height: auto;

　画像の高さを自動的に調整し、アスペクト比を維持します。これにより、画像が潰れずに表示されます。

object-fit: cover;

　画像が親要素に完全に収まり、余白ができないように調整します。cover値は、アスペクト比を維持しつつ、親要素に対して画像が最大限に表示されるようにします。この場合、親要素には overflow: hidden; が指定されているため、画像がはみ出すことはありません。

▶ 操作

(HTML)

① HTMLファイルをコピーし、ファイル名を変更する

　「reidai29.html」をコピーし、ファイル名を「reidai30.html」に変更します。

② メモ帳でHTMLファイルを開き、ソースを変更する

　「reidai30.htmlの完成ソース」を参考に、色文字になっている箇所を変更し、完成ソースと同じ内容になるように変更してください。

実際にメモ帳で作成したソース

```
reidai30.html                    ×    +                          -  □  ×
ファイル   編集   表示                                                  ⚙

<!DOCTYPE html>
<html lang="ja">
        <head>
                <meta charset="UTF-8">
                <meta name="viewport" content="width=device-width, initial-scale=1.0">
                <link rel="stylesheet" href="css/reidai30.css">
                <title>レスポンシブデザインに挑戦しよう</title>
        </head>
        <body>
                <div class="card-container">
                        <div class="card">
                                <img src="image/photo01.jpg" alt="カード画像1">
                                <div class="card-content">
                                        <h2>タイトル1</h2>
                                        <p>ここに素敵な説明文が入ります。ここに素敵な説明文が入ります。ここに素敵な説明文が入ります。</p>
                                </div>
                        </div>
                        <div class="card">
                                <img src="image/photo02.jpg" alt="カード画像2">
                                <div class="card-content">
                                        <h2>タイトル2</h2>
                                        <p>ここに素敵な説明文が入ります。ここに素敵な説明文が入ります。ここに素敵な説明文が入ります。</p>
                                </div>
                        </div>
                        <div class="card">
                                <img src="image/photo03.jpg" alt="カード画像3">
                                <div class="card-content">
                                        <h2>タイトル3</h2>
                                        <p>ここに素敵な説明文が入ります。ここに素敵な説明文が入ります。ここに素敵な説明文が入ります。</p>
                                </div>
                        </div>
                        <div class="card">
                                <img src="image/photo04.jpg" alt="カード画像4">
                                <div class="card-content">
                                        <h2>タイトル4</h2>
                                        <p>ここに素敵な説明文が入ります。ここに素敵な説明文が入ります。ここに素敵な説明文が入ります。</p>
                                </div>
                        </div>
                </div>
        </body>
</html>
```

3 変更したHTMLファイルを上書き保存する

（CSS）

1 CSSファイルをコピーし、ファイル名を変更する

「reidai29.css」をコピーし、ファイル名を「reidai30.css」に変更します。

2 メモ帳でCSSファイルを開き、ソースを変更する

「reidai30.cssの完成ソース」を参考に、色文字になっている部分を変更・追加をしてください。

実際にメモ帳で作成したソース

```
@charset "utf-8";
/* 例題30のCSS */
body,
h2 {
        margin: 0;
}
.card-container {
        display: grid;
        grid-template-columns: repeat(auto-fit,
minmax(250px, 1fr));
        gap: 20px;
        justify-content: center;
        padding: 20px;
}
.card {
        box-shadow: 0 4px 8px rgba(0, 0, 0, 0.1);
        border-radius: 8px;
        overflow: hidden;
}
img {
        width: 100%;
        height: auto;
        object-fit: cover;
}
.card-content {
        padding: 20px;
}
h2 {
        margin-bottom: 10px;
}
```

3 変更したCSSファイルを上書き保存する

PART **13**

1 作成したHTMLファイルをブラウザで表示する

4列で表示されて
います。

ブラウザの幅を縮めると、列数
や幅が自動で切り替わります。

演習問題 64

メディアクエリを使用して異なるスクリーンサイズで異なるスタイルを適用する

ブラウザに次のように表示されるHTMLファイルを作成しなさい。

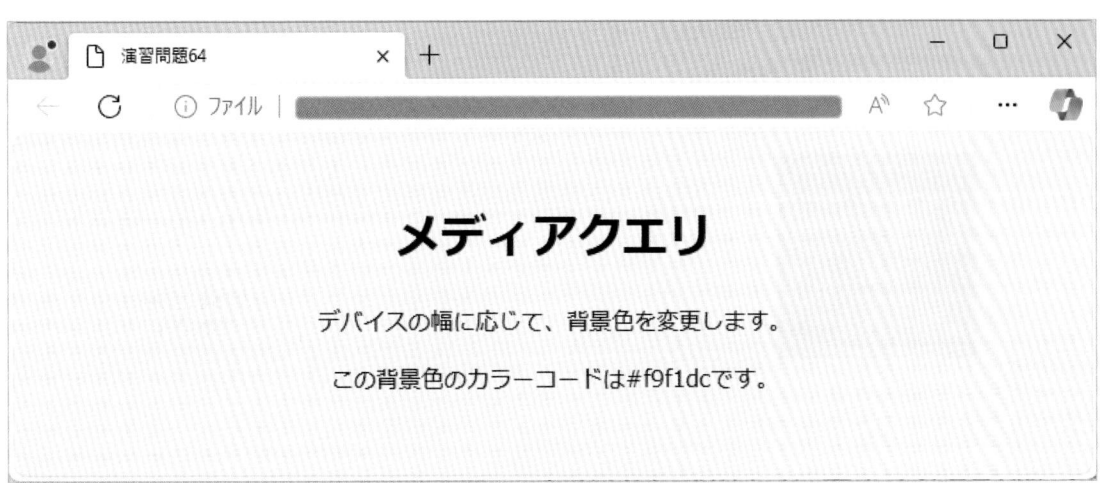

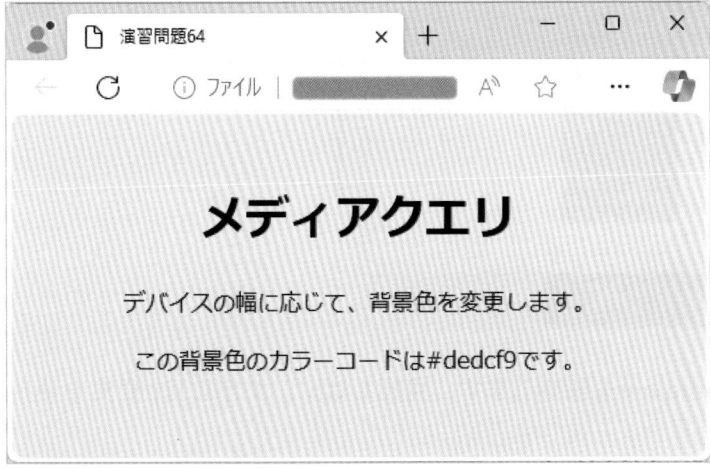

- reidai29.html、reidai29.cssをコピーして、ファイル名をenshu64.html、enshu64.cssに変更します。
- 画面サイズによって表示させる文言を変更するために、p要素にクラス.d-textと.m-textを追加します。
- @mediaルールで601px以上の場合の背景色（background-color）を#f9f1dc、displayプロパティで.d-textをblock、m-textをnoneにしましょう。
- @mediaルールで600px以下の場合の背景色（background-color）を#dedcf9、displayプロパティで.d-textをnone、m-textをblockにしましょう。

演習問題 65

演習問題 65

メディアタイプ（print、screenなど）に応じた スタイリングを適用する

ブラウザに次のように表示されるHTMLファイルを作成しなさい。

ブラウザに表示

印刷プレビュー

 ヒント

- div要素にクラスcontainerを設定します。見出しはh1、文字にはp要素を使用しましょう。
- .containerの文字の位置（text-align）にcenter、境界線内側の余白（padding）に20pxを設定します。
- h1の文字色（color）は#333333、pは#666666に設定します。
- @mediaルールでブラウザでの表示（screen）と印刷時（print）の表示を切り替えます。
- screenではh1の文字サイズ（font-size）を24px、pは16px、imgの横幅を50%、背景色は#fdf6c0としましょう。
- printではh1の文字サイズ（font-size）を18px、pは14px、文字色はどちらも#000000、imgの横幅を30%、背景色は#ffffff、としましょう。

演習問題 66

ビューポートを設定する

ブラウザに次のように表示されるHTMLファイルを作成しなさい。

PCのブラウザで表示

スマートフォンのブラウザで表示

ヒント

- head要素内にviewportの記述<meta name="viewport" content="width=device-width, initial-scale=1.0">を追加します。
- div要素にクラスcontainerを設定します。見出しはh1、文字にはp要素を使用しましょう。
- body要素に余白（margin、padding）を0、背景色（background-color）に#f2f2f2を指定します。
- .containerの文字の位置（text-align）にcenter、境界線内側の余白（padding）に20px、背景色に#ffffff、影を追加（box-shadow）に 0 0 10px rgba(0, 0, 0, 0.1)を設定します。これで水平方向に0、垂直方向に0、ぼかしが10pxで影の色は黒の透明度が0.1となります。

演習問題 67

画像がスクリーンサイズに適応するようにする

ブラウザに次のように表示されるHTMLファイルを作成しなさい。

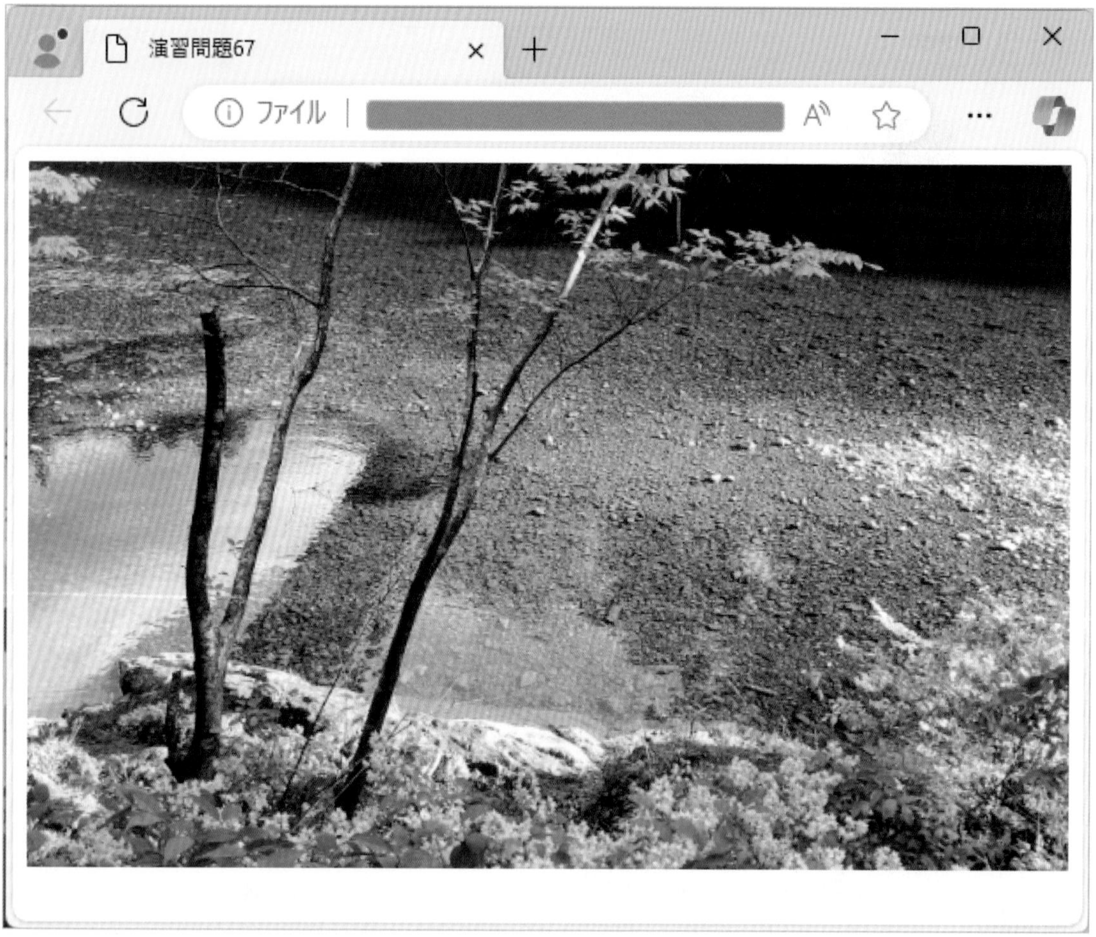

ヒント

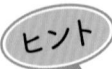

- img要素の最大幅（max-width）に100%、高さ（height）にautoを指定しましょう。
- htmlを表示して、ブラウザのサイズを変えると幅にあわせて画像のサイズが変わるのを確認しましょう。

フレックスボックスを使用してレスポンシブな
ナビゲーションメニューを作成する

ブラウザに次のように表示されるHTMLファイルを作成しなさい。

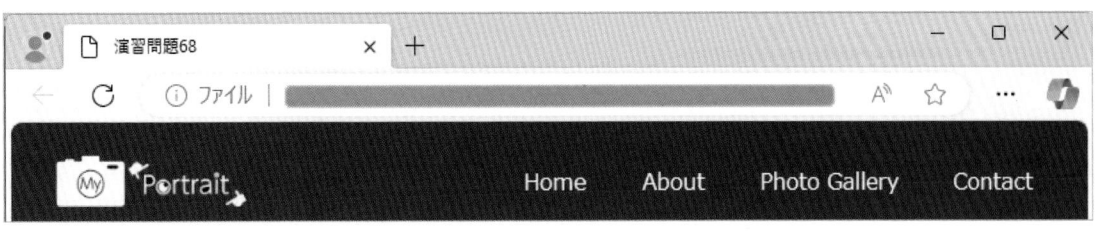

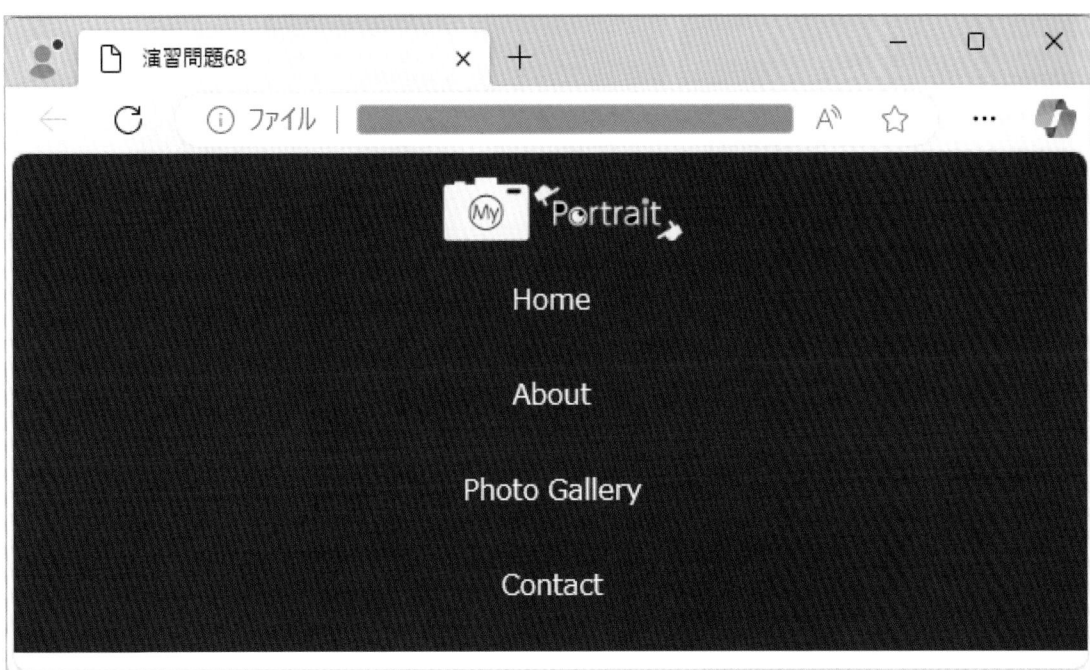

PART
13

※チャレンジ問題です。まずは少ないヒントでチャレンジしてみましょう。
　各htmlファイルとCSSファイルにコメントで解説しています。

ヒント

- 全てのスタイルをリセットします（* { margin: 0px; padding: 0px; }）
- header要素内にナビゲーションをまとめます。
- フレックスボックスを使用してナビゲーションを作成します。
- @mediaルールで画面幅が768px以下の場合を設定しフレックスアイテムの配置を垂直に設定します。

演習問題 **69**

フレックスボックスとグリッドレイアウトを組み合わせた レスポンシブなページを作成する

ブラウザに次のように表示されるHTMLファイルを作成しなさい。

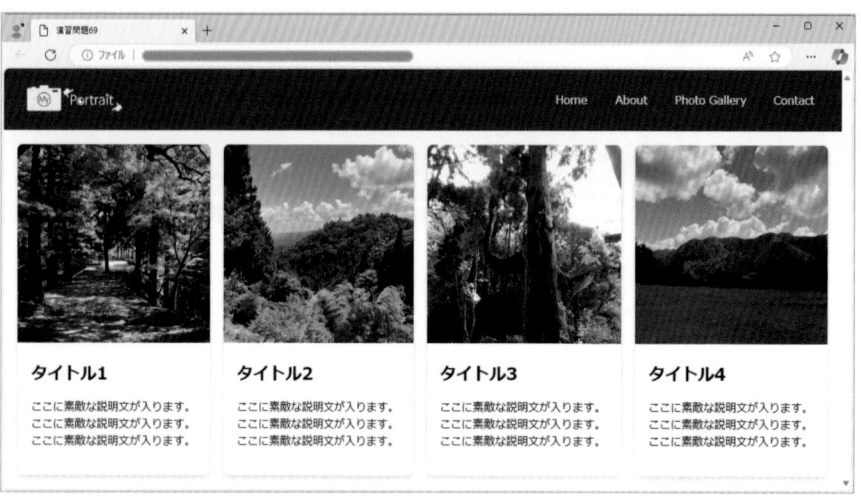

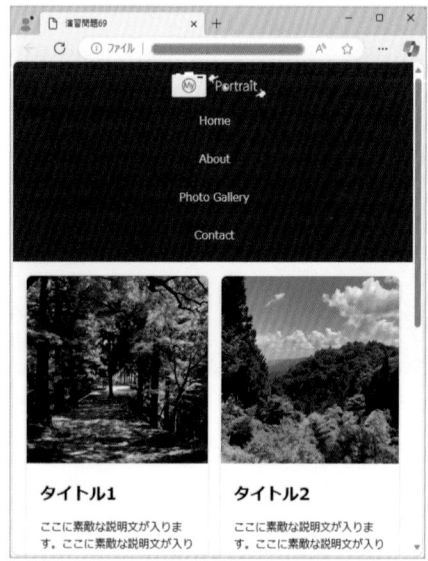

※チャレンジ問題です。まずは少ないヒントでチャレンジしてみましょう。
　各htmlファイルとCSSファイルにコメントで解説しています。

ヒント

• 演習問題68と例題30で作成した内容をあわせて作ります。
• 演習問題68と例題30のCSSで指定している要素が重複している部分は、最適になるように調整しましょう。

演習問題 70

フッターを追加して完成させる

ブラウザに次のように表示されるHTMLファイルを作成しなさい。

※チャレンジ問題です。まずは少ないヒントでチャレンジしてみましょう。
　各htmlファイルとCSSファイルにコメントで解説しています。

- 演習問題69をコピーして利用します。
- 全体の高さを100%にします。コンテンツが少ない場合も、ブラウザの一番下にフッターが表示されるようにします。
- header、main、footerを使います。
- footerはpositionの値にsticky、を使用します。また、`top: 100vh;` を使用して、要素の位置をビューポートの高さ（Viewport Height、`vh`）の100%の位置に設定します。

VisualStudioCodeのインストール

Visual Studio Code（VS Code）のインストール方法を説明します。この情報は2024年1月時点の情報のため、利用時には変更されている可能性もあります。

1 Visual Studio Code公式サイトにアクセスする

ブラウザで「Visual Studio Code」と検索し、公式サイト（通常は検索結果の上位にあります）にアクセスします。または、直接以下のVisual Studio Code公式サイト にアクセスしても構いません。

https://code.visualstudio.com/

2 ダウンロードページへ移動

公式サイトのホームページには、「Download for Windows」というボタンがあります（MacやLinuxを使用している場合は、それに合わせたボタンが表示されます）。このボタンをクリックします。

3 ボタンをクリックし、ダウンロードを開始する

ダウンロードが完了したら、ダウンロードされたファイル（通常はブラウザのダウンロードフォルダに保存されます）を見つけます。

4 インストールする

ダウンロードしたインストーラーファイル（.exeファイル）をダブルクリックして開きます。

画面の指示に従い、インストールを進めます。通常、デフォルトの設定で問題ありません。

インストール実行画面

1. 使用許諾契約書の同意画面が出たら、下部の「同意する」を選択して「次へ(N) >」をクリックします。

2. 追加タスクの選択画面が表示されたら、必要なオプションにチェックを入れて（特に問題が無い場合はそのまま）「次へ(N) >」をクリックします。

3. インストール準備完了画面が表示されたら、「インストール(I) 」をクリックしてインストールを開始します。

4. インストールが完了したら、「完了(F)」をクリックしてインストールを終了します。中央にあるチェックボックスにチェックが入っていると、終了と同時にVisual Studio Codeが起動します。

以上、インストールが完了すると、VS Codeが自動的に開きます。

VS Codeの日本語化

1 VS Codeを開く

まず、インストールしたVS Codeを開きます。

2 拡張機能ビューにアクセスする

左側のサイドバーにある「拡張機能」アイコン（四角が重なったような形のアイコン）をクリックします。もしくは、キーボードショートカット「 Ctrl + Shift + X 」（Windows）を使用してアクセスすることもできます。

3 「Japanese Language Pack」を検索する

拡張機能ビューの検索バーに「Japanese Language Pack」と入力し、検索します。

4 検索結果から「Japanese Language Pack for Visual Studio Code」を選択する

「インストール」ボタンをクリックして、日本語言語パックをインストールします。

5 インストールが完了後に、ポップアップが表示される

「言語を切り替えて再起動」するかどうかを聞かれます。「再起動」を選択すると、VS Codeが再起動し、インターフェースが日本語になります。

もしポップアップが表示されない場合

コマンドパレットを開きます（「 Ctrl + Shift + P 」または「 command + Shift + P 」）。
「Configure Display Language」と入力し、選択します。
表示されたリストから「ja」と入力し、日本語を選択します。
VS Codeを再起動します。

以上で、VS Codeの日本語化が完了します。これにより、メニュー、オプション、ダイアログボックスなどのインターフェースが日本語になり、より使いやすくなるでしょう。

VS Codeを開いたら、基本的な設定や見た目をカスタマイズできます。
HTMLとCSSの開発には、関連する拡張機能（例：「Live Server」や「Prettier」）をインストールすると便利です。

CSSのcolorプロパティで指定できるキーワードの色一覧です。16進数表記も記しています。
キーワードによっては使用環境により、ブラウザで正しく色を表示できないことがあります。

black #000000	papayawhip #ffefd5	aliceblue #f0f8ff	deepskyblue #00bfff	darkcyan #008b8b
dimgray #696969	blanchedalmond #ffebcd	avender #e6e6fa	lightskyblue #87cefa	teal #008080
gray #808080	bisque #ffe4c4	lightsteelblue #b0c4de	skyblue #87ceeb	darkslategray #2f4f4f
darkgray #a9a9a9	moccasin #ffe4b5	lightslategray #778899	lightblue #add8e6	darkgreen #006400
silver #c0c0c0	navajowhite #ffdead	slategray #708090	powderblue #b0e0e6	green #008000
lightgray #d3d3d3	peachpuff #ffdab9	steelblue #4682b4	paleturquoise #afeeee	forestgreen #228b22
gainsboro #dcdcdc	mistyrose #ffe4e1	royalblue #4169e1	lightcyan #e0ffff	seagreen #2e8b57
whitesmoke #f5f5f5	lavenderblush #fff0f5	midnightblue #191970	cyan #00ffff	mediumseagreen #3cb371
white #ffffff	seashell #fff5ee	navy #000080	aqua #00ffff	mediumaquamarine #66cdaa
snow #fffafa	oldlace #fdf5e6	darkblue #00008b	turquoise #40e0d0	darkseagreen #8fbc8f
ghostwhite #f8f8ff	ivory #fffff0	mediumblue #0000cd	mediumturquoise #48d1cc	aquamarine #7fffd4
floralwhite #fffaf0	honeydew #f0fff0	blue #0000ff	darkturquoise #00ced1	palegreen #98fb98
linen #faf0e6	mintcream #f5fffa	dodgerblue #1e90ff	lightseagreen #20b2aa	lightgreen #90ee90
antiquewhite #faebd7	azure #f0ffff	cornflowerblue #6495ed	cadetblue #5f9ea0	springgreen #00ff7f

mediumspringgreen #00fa9a	lightyellow #ffffe0	darkgoldenrod #b8860b	coral #ff7f50	violet #ee82ee
lawngreen #7cfc00	lightgoldenrodyellow #fafad2	chocolate #d2691e	tomato #ff6347	plum #dda0dd
chartreuse #7fff00	lemonchiffon #fffacd	sienna #a0522d	orangered #ff4500	orchid #da70d6
greenyellow #adff2f	wheat #f5deb3	saddlebrown #8b4513	red #ff0000	mediumorchid #ba55d3
lime #00ff00	burlywood #deb887	maroon #800000	crimson #dc143c	darkorchid #9932cc
limegreen #32cd32	tan #d2b48c	darkred #8b0000	mediumvioletred #c71585	darkviolet #9400d3
yellowgreen #9acd32	khaki #f0e68c	brown #a52a2a	deeppink #ff1493	darkmagenta #8b008b
darkolivegreen #556b2f	yellow #ffff00	firebrick #b22222	hotpink #ff69b4	purple #800080
olivedrab #6b8e23	gold #ffd700	indianred #cd5c5c	palevioletred #db7093	indigo #4b0082
olive #808000	orange #ffa500	rosybrown #bc8f8f	pink #ffc0cb	darkslateblue #483d8b
darkkhaki #bdb76b	sandybrown #f4a460	darksalmon #e9967a	lightpink #ffb6c1	blueviolet #8a2be2
palegoldenrod #eee8aa	darkorange #ff8c00	lightcoral #f08080	thistle #d8bfd8	mediumpurple #9370db
cornsilk #fff8dc	goldenrod #daa520	salmon #fa8072	magenta #ff00ff	slateblue #6a5acd
beige #f5f5dc	peru #cd853f	lightsalmon #ffa07a	fuchsia #ff00ff	mediumslateblue #7b68ee

索引

タグ・属性など

本書で紹介をしたタグ・属性・プロパティ・値などの索引です。

索引

HTMLタグや属性については、タグ・属性など索引を参照してください。

著者プロフィール

株式会社 イー・スペース

1998年に「スタジオイー・スペース」として創業。インタラクティブコンテンツの制作から、広告やエディトリアルなどの紙媒体のデザイン、執筆、店舗プロデュースなど、メディアの枠を超えた幅広い案件を手がける。2013年、事業承継を機に分社化。WEB制作部門は「ネットメディア運営のパートナーカンパニー」として事業領域を再定義し、長期にわたるWEB関連サポート業務に注力することで2018年からはフルリモートでのワークスタイルを実現。新型コロナウイルス感染症に際しても堅実に顧客サービスを提供し続けている。著書には、「Photoshopレッスンブック」「はじめてのDreamweaverドリル」「Web制作新人育成ガイド」など、初心者・入門者向けのものが多く、スクールの教材開発支援も行う。

▶▶制作スタッフ

執筆 ● 足達直樹、山田綾子
監修 ● 山田綾子、木村亮太
構成協力 ● 村上竜雄

素材協力 ● 大庭佐絵子
技術支援 ● 田中麻衣子
検証 ● 山之内千保、阿久根直輝、家根谷悠子

カバーデザイン ● 内山絵美（釣巻デザイン室）
カバーイラスト ● 伊藤彩恵子
本文デザイン・DTP ● 石田昌治（株式会社マップス）

かいていだい　ばん
改訂第3版
れいだい　プラスえんしゅうもんだい　　　　　まな
例題30＋演習問題70でしっかり学ぶ
エイチティーエムエル　プラス　シーエスエス　ひょうじゅん
HTML＋CSS標準テキスト

2024年3月6日　初版　第1刷発行

著　　者　　イー・スペース
発　行　者　　片岡　巌
発　行　所　　株式会社　技術評論社
　　　　　　　東京都新宿区市谷左内町21-13
　　　　　　　電話　03-3513-6150　販売促進部
　　　　　　　　　　03-3513-6166　書籍編集部
印刷・製本　　図書印刷株式会社

定価はカバーに表示してあります。

本書の一部または全部を著作権法の定める範囲を越え、無断で複写、複製、転載あるいはファイルに落とすことを禁じます。

©2024　イー・スペース

ISBN978-4-297-14019-9　C3055
Printed in Japan

サンプルファイルのダウンロードについて

　例題および演習問題のサンプルファイルを、小社Webサイトの本書紹介ページの「補足情報」からダウンロードできるようになっています。

http://gihyo.jp/book/2024/978-4-297-14019-9

　ダウンロード以外の方法では、サンプルファイルの提供は行っておりません。また例題および演習問題によっては、サンプルファイルがないものもあります。

お問い合わせ

　本書に関するご質問については、本書に記載されている内容に関するもののみ受付をいたします。本書の内容と関係のないご質問につきましては一切お答えできませんので、あらかじめご承知置きください。また、電話でのご質問は受け付けておりませんので、ファックスか封書などの書面か電子メールにて下記までお送りください。

　なお、ご質問の際には、書名と該当ページ、返信先を明記してくださいますよう、お願いいたします。特に電子メールのアドレスが間違っていますと回答をお送りすることができなくなりますので、十分にお気をつけください。

　お送りいただいたご質問には、できる限り迅速にお答えできるよう努力いたしておりますが、場合によってはお答えするまでに時間がかかることがあります。また、回答の期日をご指定なさっても、ご希望にお応えできるとは限りません。あらかじめご了承くださいますよう、お願いいたします。

質問フォームのURL（本書サポートページ）

https://gihyo.jp/book/2024/978-4-297-14019-9

※本書内容の訂正・補足についても上記URLにて行います。あわせてご活用ください。

◆問い合わせ先

宛先　〒162-0846
　　　株式会社技術評論社　書籍編集部
　　　東京都新宿区市谷左内町21-13
　　　『例題30でしっかり学ぶ
　　　HTML+CSS標準テキスト』係
　　　FAX　03-3513-6183

※なお、ご質問の際に記載いただきました個人情報は、本書の企画以外での目的には使用いたしません。参照後は速やかに削除させていただきます。